SANJAY GUPTA

12 SEMANAS PARA AFIAR SUA MENTE

Como aumentar a energia,
reduzir o estresse, melhorar o sono
e diminuir a ansiedade

Sextante

Título original: *12 Weeks to a Sharper You*
Copyright © 2022 por Sanjay Gupta, MD
Copyright da tradução © 2023 por GMT Editores Ltda.

Publicado mediante acordo com Simon & Schuster, Inc.

Todos os direitos reservados. Nenhuma parte deste livro pode ser utilizada ou reproduzida sob quaisquer meios existentes sem autorização por escrito dos editores.

tradução: Beatriz Medina
preparo de originais: Rafaella Lemos
revisão: Ana Grillo e Luis Américo Costa
diagramação: Valéria Teixeira
capa: Natali Nabekura
imagem de capa: Anita Ponne/ Shutterstock
impressão e acabamento: Cromosete Gráfica e Editora Ltda.

CIP-BRASIL. CATALOGAÇÃO NA PUBLICAÇÃO
SINDICATO NACIONAL DOS EDITORES DE LIVROS, RJ

G845d

Gupta, Sanjay, 1969-
  12 semanas para afiar sua mente / Sanjay Gupta ; tradução Beatriz Medina. - 1. ed. - Rio de Janeiro : Sextante, 2023.
  208 p. ; 21 cm.

  Tradução de: 12 weeks to a sharper you
  ISBN 978-65-5564-635-1

  1. Cognição - Fatores etários. 2. Memória - Fatores etários. 3. Cérebro - Envelhecimento. 4. Envelhecimento - Prevenção. I. Medina, Beatriz. II. Título.

23-82818
CDD: 153.12
CDU: 159.953

Meri Gleice Rodrigues de Souza - Bibliotecária - CRB-7/6439

Todos os direitos reservados, no Brasil, por
GMT Editores Ltda.
Rua Voluntários da Pátria, 45 – Gr. 1.404 – Botafogo
22270-000 – Rio de Janeiro – RJ
Tel.: (21) 2538-4100 – Fax: (21) 2286-9244
E-mail: atendimento@sextante.com.br
www.sextante.com.br

ESTE CADERNO DE ATIVIDADES PERTENCE A:

_____

DATA DO INÍCIO:

_____

DATA DA CONCLUSÃO:

_____

Para minhas três meninas, Sage, Sky e Soleil, em ordem de idade para prevenir qualquer briga futura sobre a dedicatória. Amo muito vocês, e as vi crescer mais depressa do que este livro. Sempre se esforcem para estar plenamente presentes, porque essa talvez seja a melhor e mais alegre maneira de manter a mente afiada e a vida animada. Vocês ainda são muito novas, mas me deram uma vida de lembranças que espero nunca esquecer.

Para minha Rebecca, que nunca titubeou no entusiasmo. Se, no fim, nossa vida for apenas uma coletânea de lembranças, a minha estará cheia de imagens de seu lindo sorriso e de seu apoio constante.

Para quem sonhou que seu cérebro poderia ser melhor. Não só livre de doenças e traumas, mas otimizado de uma forma que lhe permitisse construir e recordar sua narrativa de vida e equipar-se para ser resiliente diante dos desafios. Para quem sempre acreditou que seu cérebro não é uma caixa-preta impenetrável e intocável, e que poderia ser nutrido e cultivado até virar algo maior do que imaginava.

A principal função do corpo é
transportar o cérebro.

– THOMAS EDISON

SUMÁRIO

INTRODUÇÃO Um convite para colocar você – e seu cérebro – em primeiro lugar ... 11

PARTE 1
O QUE SIGNIFICA TER A MENTE AFIADA A VIDA TODA ... 25

Os seis pilares de uma mente afiada ... 31
1º PILAR Alimentação ... 31
2º PILAR Movimento (Não apenas "exercício") ... 36
3º PILAR Repouso (em vigília) ... 43
4º PILAR Sono reparador ... 46
5º PILAR Descoberta ... 48
6º PILAR Conexão ... 51

Comece o jogo e prepare-se para o que virá ... 56
Compromisso ... 56
O que está te impedindo? ... 61
Autoavaliação: Em que ponto você está na busca por otimizar a saúde cerebral e evitar o declínio cognitivo? ... 62
Metas ... 66
Preparar, Apontar, Já... ... 68

PARTE 2
PASSEIO GUIADO PELO PROGRAMA MENTE AFIADA, SEMANA A SEMANA

1ª SEMANA	Comece pela cozinha	81
2ª SEMANA	Mexa-se mais	103
3ª SEMANA	Cultive o sono de beleza para o cérebro	115
4ª SEMANA	Encontre sua tribo	122
5ª SEMANA	Seja um estudante da vida	129
6ª SEMANA	Ative os antídotos do estresse	133
7ª SEMANA	Encontre seu estado de fluxo	149
8ª SEMANA	Faça algo que tem medo de fazer (todo dia)	155
9ª SEMANA	Tome notas, resolva e revise	161
10ª SEMANA	Caia na real e planeje	172
11ª SEMANA	Reflita sobre você	178
12ª SEMANA	Descarte, recicle, repita	186

Últimas palavras de sabedoria   191

Agradecimentos   195

Referências   197

INTRODUÇÃO

Um convite para colocar você – e seu cérebro – em primeiro lugar

Bem-vindo! E parabéns desde já. Você está a apenas 12 semanas de começar a andar por aí carregando um cérebro melhor, que tenha um potencial enorme de se manter afiado pelo resto da vida. Não importa a sua idade. A boa notícia é que, mesmo que os anos passem e você envelheça, nunca é tarde demais para fazer uma diferença positiva no modo como o seu cérebro funciona. Ele é um órgão que reage radicalmente aos nossos hábitos – um órgão que podemos aprimorar fazendo as escolhas certas. Na verdade, o cérebro pode ser nutrido e cultivado para se tornar algo mais incrível do que você é capaz de imaginar. E isso deveria nos motivar a adotar os hábitos que manterão nossa mente em forma pela vida inteira. Isso não tem nada de complicado: qualquer um pode construir um cérebro melhor em qualquer idade, seja 22 ou 92 anos. Você veio ao lugar certo.

Antigamente pensávamos que nascíamos com um determinado estoque de neurônios que ia se esgotando lentamente no decorrer da vida. Acreditava-se que substâncias como o álcool poderiam acelerar esse processo – que era irreversível. Tenha em mente que a maioria dessas noções desatualizadas se baseava na observação do cérebro adoecido. Durante muito tempo só o víamos na hora da autópsia – depois que seu ocupante morria. Foi assim que Alois Alzheimer, na virada do século XX, encontrou as placas que evidenciam a doença que ganhou seu nome. E, até recentemente, os familiares da pessoa falecida só poderiam ter certeza do diagnóstico de Alzheimer por meio de uma autópsia. Em meu trabalho como neurocirurgião, raramente vejo cérebros saudáveis – costumo ver órgãos invadidos por tumores, cheios de sangue ou esmagados por traumatismos. A questão é que mal começamos a quantificar o cérebro saudável. E isso é importantíssimo, porque, para manter o cérebro saudável e melhorá-lo, precisamos entendê-lo da melhor maneira possível.

Quando começamos a olhar cérebros saudáveis, nosso entendimento básico começou a mudar. Vimos que o cérebro cresce e se regenera, não para consertar danos, mas para... melhorar. E melhorar. E melhorar. Hoje sabemos com segurança que o cérebro consegue se renovar e se otimizar continuamente pela vida toda. Sabemos que o cérebro tem um ciclo de enxágue e conseguimos até prever quando é mais provável que esse ciclo ocorra: durante o sono.[1] Podemos dizer quando é mais provável que você esteja produtivo e criativo e quando começa a se aproximar do esgotamento. Podemos confirmar que o que faz bem para o coração geralmente também faz bem ao cérebro, mas nem sempre. O mais emocionante é que agora há provas substanciais de que podemos criar novas células cerebrais *em qualquer idade*.[2] Pense só. Você pode gerar novos neurônios e formar novas conexões sendo uma criancinha com seu ursinho de pelúcia, uma pessoa de 20 anos cheia de planos ou um centenário que adora jogar tênis. Não é nada difícil, mas exige algum planejamento e esforço consciente. Tudo que é digno de mudanças monumentais exige isso – além de um pouco de paciência e perseverança. Mas você também pode se divertir pelo caminho e aprender coisas novas que vão surpreender e entreter você.

Afinal de contas, estamos falando de manter e melhorar o quilo e meio de carne mais enigmático do Universo conhecido. É o supercomputador autopropagador mais sofisticado do mundo, com um sistema operacional paralelo chamado consciência. Portanto, sim: devemos fazer todo o esforço necessário para cuidar desse sistema importantíssimo, mantê-lo brilhando e lhe dar o combustível certo para que percorra sem percalços a estrada acidentada da vida.

Ao mergulhar neste novo caderno de atividades atualizado com os dados científicos mais recentes, quero que pense numa pergunta fundamental: o que é um cérebro saudável? Nós sabemos definir um coração saudável. E o mesmo vale para o fígado, o rim e até o baço. Mas e o cérebro? Muitos dirão que o cérebro saudável é o que não tem câncer, não sofreu traumatismo nem acidente vascular e não apresenta placas que interrompem a comunicação e destroem a memória. No entanto, isso é definir saúde simplesmente como a ausência de doença. Precisamos ir além. Precisamos ser mais ambiciosos.

O cérebro saudável, além de controlar bem a memória, também conecta padrões que poderíamos deixar passar. Esses padrões facilitam e promovem ainda mais a criação e o armazenamento da memória no cérebro. E tem mais. Um cérebro saudável, além de não ser facilmente abalado pelo impacto violento e estressante do cotidiano, é fortalecido por ele.

Costumamos considerar o cérebro em boa forma quando ele recorda bem os detalhes, mas vale a pena reconsiderar essa definição. Afinal de contas, o que é a memória? Pensamos nela como um registro preciso de acontecimentos do passado, que folheamos como se fosse um Rolodex ou uma gaveta de arquivo (ou repassamos como as fotos armazenadas em nossa nuvem digital). Do ponto de vista evolutivo, a memória servia para recordar situações, pessoas e fontes de alimento e água, a fim de ajudar a proteger e manter a vida. Mas agora apreciamos a memória por seu propósito mais marcante: reforçar a nossa narrativa de vida, a nossa história. E às vezes nossa memória não é totalmente precisa, mas tudo bem.

A verdade é que, num dia qualquer, é provável que só prestemos atenção em cerca de 60% a 70% do que está à nossa frente. Já o restante da nossa atividade diária, que não se encaixa na maneira como enxergamos a narrativa da nossa vida nem contribui com ela, é ignorado. Isso significa que o cérebro saudável é aquele que recorda as coisas importantes e esquece o que é banal. E, sim, esquecer é tão importante quanto lembrar e pode até nos ajudar a afiar a mente e abrir espaço para informações novas e mais valiosas. Os cientistas só descobriram nossos neurônios do "esquecimento" em 2019, num estudo inovador que revelou ainda mais a importância do sono, período em que essas células cerebrais especializadas entram em ação.[3] É um belo paradoxo: para lembrar, em certa medida precisamos esquecer. Como me disse o incrível biólogo evolutivo Robert Sapolsky, o cérebro saudável também é aquele que tem um círculo amplo de "você" – um cérebro inclusivo a novas ideias e pessoas. Um cérebro menos desdenhoso e mais receptivo.

Como sou repórter e neurocirurgião acadêmico, instruo e explico. Acredito piamente na importância de explicar *o quê* e *por quê*. Quando você entender o funcionamento interno do cérebro, os hábitos específicos que recomendo passarão a fazer sentido. Se eu simplesmente lhe disser o que deveria fazer, é menos provável que você adote o hábito. Se realmente entender por que a recomendação ajudará o cérebro, você terá uma história para recordar e seguir. Este livro é essa história.

Desde o lançamento de *Mente afiada* em 2021, fiquei encantado ao ver o impacto do livro em pessoas do mundo inteiro.

Minha colega Erin Burnett começou a pintar para ajudar a criar uma reserva cognitiva – um conceito que definirei em breve. Uma mulher de 87 anos de Bangkok me mandou um e-mail para contar sua alegria com a destreza cognitiva recém-descoberta – ela agora tem mais poder de raciocínio, uma memória mais rápida e mais energia mental em geral. E um quarentão cansado, que precisa conciliar o cuidado dos filhos pequenos e a ajuda que presta aos pais idosos, se sentiu mentalmente recarregado e cheio de energia quando alterou de leve suas escolhas alimentares, colocando um fim nas doses de refrigerantes e priorizando o sono. Muitos de vocês compartilharam comigo suas histórias depois de seguir o programa de 12 semanas do livro que se tornou a inspiração deste novo caderno de atividades interativo. Como prometido em *Mente afiada* e mais uma vez aqui, é importante que você saiba que não trago truques; apenas a verdadeira autodescoberta baseada nos melhores dados científicos disponíveis.

Aliás, é preciso deixar claro que aqui não há nenhuma fórmula para acabar com a demência nem para reverter magicamente a condição de alguém que esteja em declínio. Alguns podem chegar a este livro com dificuldades cognitivas ou até com um transtorno como a deficiência cognitiva leve (DCL), que costuma preceder um diagnóstico mais grave como o de demência. Ou talvez você ou alguém da sua família sofra de alguma doença neurodegenerativa que avançou além do estado leve. As estratégias deste caderno de atividades foram desenvolvidas para lhe dar a melhor oportunidade de otimizar sua saúde cerebral, e, embora possam retardar o avanço da doença em alguns indivíduos, ninguém pode oferecer uma solução garantida para nenhuma enfermidade do cérebro. A complexidade dessas doenças torna ainda mais importante proteger a função cerebral em seu auge e em qualquer idade. No entanto, se você ou algum ente querido enfrenta problemas cognitivos, não desista. Quanto mais se esforçar para melhorar seu cérebro, mais terá a ganhar com o prolongamento da saúde cerebral ao longo da vida e o controle das doenças ligadas a ele, se essa for a sua realidade. Assim, embora haja partes da saúde cerebral que estão além do controle de qualquer um, há providências que você pode tomar hoje para favorecer a manutenção da melhor rede neuronal possível no futuro.

Comecei o projeto do livro *Mente afiada* em 2017, num trabalho com a AARP, logo depois que essa organização criou a colaboração independente chamada Global Council on Brain Health, o Conselho Global de Saúde do Cérebro. O GCBH reúne especialistas do mundo inteiro para debater o que há de mais recente na pesquisa científica da saúde cerebral e chegar a um consenso sobre o que funciona ou não. A meta é ajudar as pessoas a aplicar as descobertas científicas sobre o assunto para promover uma melhor saúde cerebral à medida que envelhecem. Temos a convicção conjunta de que não há uma única resposta, pílula mágica ou solução definitiva quando se trata da saúde do cérebro (apesar de alguns anunciantes e marqueteiros inescrupulosos dizerem o contrário). Quando buscamos "como melhorar a saúde do cérebro" na internet, não é preciso procurar muito para encontrar sites suspeitos que vendem ideias questionáveis de todo tipo, sem nenhum respaldo científico para sustentar seus produtos. Portanto, fica o alerta: não existe nenhum comprimido que você possa tomar para "melhorar a memória", "afiar o foco" ou "impedir a demência", por mais convincentes que sejam as alegações dos vendedores (e, ainda assim, um quarto dos adultos americanos com mais de 50 anos toma suplementos na tentativa de manter o cérebro saudável).

Em vez disso, o que você precisa saber é que nunca é cedo nem tarde demais para melhorar a saúde cerebral e que é possível reduzir o risco de declínio cognitivo adotando comportamentos saudáveis ao longo da vida toda. E muitos desses comportamentos não custam um tostão – apenas seu esforço consciente. Recentemente, no artigo "Como manter comportamentos saudáveis para o cérebro: colocando em prática lições de saúde pública e da ciência para promover mudanças", o GCBH estabeleceu os três elementos básicos necessários para as pessoas implementarem esse estilo de vida: conhecimento, motivação e confiança.[4] Dedicarei bastante tempo a revelar o que sabemos com plena transparência, oferecendo a você conhecimento, motivação e confiança para aplicar tudo isso à sua vida e fazer a diferença agora e no futuro.

Dividi este caderno de atividades em duas partes. Na primeira, "O que significa ter a mente afiada a vida toda", ofereço uma revisão das seis principais categorias para proteger e manter a saúde cerebral: 1) alimentação; 2) movimento (não apenas "exercício"); 3) repouso (em vigília); 4) sono reparador; 5) descoberta; e 6) conexão. Você verá que dividi o pilar "Repouso" descrito em *Mente afiada* em dois pilares distintos neste caderno de atividades (por isso aqui há seis, e não cinco, pilares). Há uma diferença entre o que você faz para descansar, desestressar e relaxar nas horas de vigília e como você alcança o sono reparador à noite consistentemente. Os dois são formas importantes de recuperação, mas exigem conjuntos de habilidades um pouco diferentes. Para obter mais detalhes sobre os dados científicos por trás de todos esses pilares, *Mente afiada* ainda é um recurso muito útil, bem pesquisado e fundamentado (as novas citações estão listadas no fim deste caderno de atividades, e parte do texto destas páginas foi adaptada do livro anterior, com atualizações e acréscimos relevantes). A Parte 2 decompõe o programa em 12 semanas, e cada semana se concentra em um ou dois aspectos dos seis pilares. Vou oferecer os degraus, por assim dizer, e você só precisa pôr um pé na frente do outro e avançar.

Enquanto os cientistas continuam a estudar as muitas vias que levam à demência, inclusive ao Alzheimer, um ponto permanece claríssimo: nenhum gatilho ou causa única foram encontrados. Muitos eventos e circunstâncias biológicas podem provocar o adoecimento e o declínio cognitivo, e até a antiga crença de que as placas de beta-amiloide no cérebro são as principais culpadas está sendo mais esmiuçada. Assim como muitos caminhos levam ao câncer, muitos caminhos levam à doença de Alzheimer. De acordo com o Dr. Richard Isaacson, pioneiro nas terapias preventivas da demência, a jornada de cada um é diferente. "Há um ditado", ele me lembra. "Depois de ver uma pessoa com Alzheimer, você viu *uma* pessoa com Alzheimer." Ele tem melhorado de forma objetiva a cognição de seus pacientes atacando simplesmente os "pontos fracos" que poderiam aumentar o risco ou contribuir para o declínio cognitivo. Em geral, esses pontos fracos são fáceis de abordar com ajustes no estilo de vida ou, quando necessário, alguns medicamentos. A meta é ganhar um controle rígido de elementos como o colesterol e a pressão arterial, que podem ter grande influência não só sobre a doença cardíaca como também sobre a saúde cerebral.

Independentemente dos debates e estudos em andamento, não se esqueça: **o declínio cognitivo não é necessariamente inevitável.** As pesquisas indicam que hábitos saudáveis que podem ser incorporados à vida cotidiana protegem a saúde cerebral a longo prazo. E a abordagem multifacetada da preservação e da otimização da saúde e da função do cérebro é essencial. Como analogia, pense num edifício histórico que ainda está de pé. Talvez tenha mais de um século. Se ele não tivesse sido bem cuidado durante décadas, o desgaste do tempo e do uso constante com certeza teria causado sua deterioração e dilapidação. Mas, com manutenção de rotina e reformas ocasionais, não só suportou a prova do tempo, como, provavelmente, é louvado hoje por sua beleza, sua representatividade e sua importância. O mesmo acontece com seu cérebro, que é apenas uma estrutura biológica com componentes diferentes e necessidades de manutenção e conservação gerais. Para combater uma constelação de eventos que levam ao declínio cerebral, é preciso mobilizar um arsenal de forças sustentadoras do cérebro. São exatamente essas forças que formam este programa.

Algumas atividades deste livro ajudam a montar os andaimes do cérebro – a criar uma estrutura de apoio que seja mais forte e estável do que a que você tem agora e que o ajude a realizar algumas "reformas" iniciais, como o reforço dos "alicerces" do cérebro. Outras estratégias agirão para oferecer a matéria-prima necessária para a manutenção constante, além de construir a chamada "reserva cognitiva", ou o que os cientistas chamam de "resiliência cerebral". Com mais reserva cognitiva, você reduz o risco de desenvolver demência. É como ter um backup das redes do cérebro para quando uma delas falhar ou, pior, morrer e não funcionar mais. Em muitos aspectos da vida, quanto mais planos B tivermos, maior será a probabilidade de sucesso, não é? Pois bem, o mesmo acontece com o hardware e o software do cérebro. Finalmente, você conhecerá estratégias que servem como retoques diários, comparáveis ao hábito de tirar o pó e abrir as janelas, para manter o cérebro "arejado". Como mencionei, o pensamento antes predominante ditava que o cérebro era praticamente fixo e permanente depois do desenvolvimento na infância. As pessoas acreditavam – algumas ainda acreditam – que esse órgão misterioso envolto em osso é um tipo de caixa-preta intocável e impossível de melhorar. Não é verdade. Hoje, quando visualizamos o cérebro com novas tecnologias de imagem e estudamos seu funcionamento sempre mutável, sabemos que não é.

Você não está necessariamente condenado ao destino que acredita estar escrito em seus genes. Um fato cada vez mais evidente nos círculos científicos é que nossas escolhas de vida têm uma contribuição enorme para o processo de envelhecimento e o risco de doenças – provavelmente tanto ou talvez até mais do que nossa genética. Na verdade, as experiências cotidianas, como o que comemos, quanto nos exercitamos, com quem socializamos, que desafios enfrentamos, o que nos dá a noção de propósito, se dormimos bem e o que fazemos para reduzir o estresse e aprender são fatores muito mais importantes para a saúde cerebral e para o bem-estar geral do que imaginamos. Um novo estudo de 2018, publicado na revista *Genetics*, revelou que a pessoa com quem nos casamos tem mais influência sobre nossa longevidade do que a herança genética.[5] E a diferença é grande! Por quê? Porque os hábitos ligados ao estilo de vida têm um grande peso sobre o bem-estar – muito mais do que a maioria dos outros fatores. Preocupe-se menos com seus genes e pare de usá-los como desculpa. Em vez disso, concentre-se nas coisas que você pode escolher, grandes e pequenas, dia após dia. Uma vida "limpa" pode reduzir drasticamente o risco de desenvolver uma grave doença neurodegenerativa, como a de Alzheimer, mesmo quando há fatores de risco genéticos. Não importa o que seu DNA diz: boa alimentação, exercícios regulares, não fumar, limitar a ingestão de álcool e mais algumas decisões surpreendentes podem mudar esse destino.

Até 2022, os cientistas documentaram um total de 75 genes ligados ao desenvolvimento da doença de Alzheimer, mas ter esses genes não representa um caminho sem volta para o declínio.[6] O modo como esses genes se expressam e se *comportam* depende bastante dos hábitos cotidianos. Lembre que uma doença como a de Alzheimer é multifatorial, formada por várias características patológicas. Por isso, cada vez mais a prevenção e o tratamento se tornam personalizados, individualizados segundo a bioquímica do indivíduo, a partir de parâmetros básicos, como o nível de colesterol, a pressão arterial e o equilíbrio da glicemia, até o estado da saúde oral e do microbioma intestinal, relíquias de infecções passadas e até sinais moleculares presentes no genoma. O DNA proporciona a linguagem básica do corpo, mas o comportamento desse DNA é que conta a história. No futuro, as terapias intervencionistas com uma combinação de medicamentos e hábitos de vida ajudarão a criar um final feliz para essas histórias.

Embora vejamos notícias desanimadoras nos meios de comunicação sobre o fracasso de estudos no desenvolvimento de medicamentos para a demência, a medicina de precisão avança com rapidez nessa área. No futuro você acompanhará o risco de declínio cognitivo com a idade usando um simples aplicativo no celular que avalie a fisiologia (e a memória!) em tempo real e faça sugestões personalizadas. Até todos termos essa tecnologia ao alcance da mão, este caderno de atividades é um ótimo começo e lhe dará uma base firme.

Em 2022, um grande estudo acompanhou a saúde de mais de meio milhão de pessoas e mostrou que o simples ato de fazer tarefas domésticas como cozinhar, limpar e lavar a louça reduz o risco de demência em espantosos 21%.[7] Essa descoberta coloca as tarefas domésticas em segundo lugar na lista das atividades que mais protegem o cérebro, atrás de coisas mais óbvias como caminhadas vigorosas e andar de bicicleta, e temos que prestar atenção nessas lições básicas e viáveis. O mesmo estudo demonstrou que o movimento regular reduz em 35% o risco de demência, seguido por encontros com amigos e familiares (risco 15% menor). Mais uma vez, são coisas simples com imenso resultado. Gosto de um ditado que ouvi em Okinawa: "Quero levar a vida como uma lâmpada incandescente. Queimar com brilho intenso a vida inteira e então, certo dia, apagar de repente." Não deveria haver pisca-pisca no final. Queremos o mesmo para nosso cérebro.

Ao trabalhar com este caderno de atividades, é perfeitamente aceitável avançar no seu próprio ritmo, e espero que você personalize cada etapa para aproveitá-la ao máximo. Leve quantas semanas precisar para adotar e estabelecer os novos hábitos até que se incorporem à vida cotidiana. Por exemplo, você pode estender as lições e atividades da primeira semana por duas ou três semanas. Faça o que for necessário para ser bem-sucedido. Quando sentir que as mudanças estão começando a se firmar, continue a seguir as recomendações e as transforme em hábitos. Afinal de contas, trata-se de você e da sua vida. Siga seu próprio ritmo e não apresse o processo. Lembre-se que essa é uma jornada de mil quilômetros com infinitos destinos. Tenha paciência consigo mesmo e sinta-se à vontade para ajustar minhas sugestões às suas preferências – contanto que permaneçam dentro de limites sensatos do que sabemos ser saudável.

Se aprendi alguma coisa em meus anos de estudo, operando cérebros e trabalhando com os melhores cientistas, é que cada um de nós tem um perfil único. Portanto, qualquer programa para otimizar a saúde cerebral precisa ser abrangente, inclusivo e baseado em evidências. E, embora não haja uma resposta única ou uma solução de caráter universal (não acredite em quem disser o contrário), há intervenções simples que todos podemos fazer agora mesmo e que terão impacto significativo sobre seu funcionamento cognitivo e sobre a saúde do seu cérebro a longo prazo. Aliás, também lhe peço que seja deliberado, diligente e corajoso ao avançar. Quero que este caderno de atividades seja todo seu. Embora você sem dúvida possa percorrer este programa com um amigo (o que acho uma ótima ideia), faça deste livro o documento pessoal da sua jornada. Estou animado para ser seu guia e professor.

É provável que o cérebro da maioria de nós funcione em 50% da sua capacidade a qualquer dado momento. Claro que essa é uma estimativa, porque não há como saber o número certo para cada indivíduo, mas me parece razoável. Seja como for, você pode otimizar o cérebro muito mais do que imagina ou espera, e a imensa maioria das pessoas nem sequer tenta. Acho que seria bom para todos nós nos concentrarmos mais na saúde cerebral, do mesmo jeito que fazemos com outros aspectos importantes da vida, como o controle do peso e a criação dos filhos. Além de baixar o risco de doença cerebral, pense em todas as vantagens de um cérebro mais saudável: menos ansiedade e depressão, mais presença e produtividade, e uma vida marcada pela tranquilidade, a animação e a alegria.

Vou lhe pedir que escreva suas metas e seus desejos pessoais para este programa, mas creio que todos podemos apreciar as metas que acabei de mencionar e nos esforçar para atingi-las. Tive o privilégio de procurar especialistas do mundo inteiro e conhecer suas ideias e seus planos de ação para manter meu cérebro afiado e fazer tudo que posso para prevenir seu declínio. Tenho dividido esse conhecimento com todos por quem tenho apreço. Agora, quero o mesmo para você. Desde que comecei a escrever *Mente afiada*, a situação e as tendências do mundo mudaram imensamente. Todos passamos por uma pandemia que foi um fato único na vida, observamos mudanças das normas sociais e culturais e enfrentamos desafios sem precedentes. Alguns estão convivendo com a Covid longa, que sabemos poder ter consequências neurológicas. Neste programa, tenho algumas ideias para você também. Nunca houve uma época mais essencial para trabalhar com o cérebro e pensar de forma mais crítica e clara, para tomar decisões melhores para nós e as pessoas que amamos e nos conectar mais intimamente uns com os outros.

Obrigado por confiar em mim e me permitir guiá-lo rumo à saúde e ao funcionamento vibrante do cérebro. Você merece o melhor cérebro possível. E ele está a seu alcance. Eu sei. Você também sabe. E por isso está aqui.

Agora, mãos à obra...

PARTE 1

O QUE SIGNIFICA TER A MENTE AFIADA A VIDA TODA

Nosso cérebro determina quem somos e o mundo que experimentamos. Ele nos permite perceber a alegria e o encantamento, e desenvolver conexões vitais com os outros. Ele molda a nossa identidade e nos dá um senso de individualidade. Também recorremos ao cérebro para tomar boas decisões, planejar e nos preparar para o futuro. Ele até nos conta histórias na forma de sonhos quando dormimos. E sabe se adaptar aos ambientes, dizer a hora e formar lembranças.

> Em termos gerais, o cérebro humano é o objeto mais complexo conhecido no Universo – conhecido por si mesmo, aliás.
>
> – EDWARD O. WILSON

O cérebro é incrivelmente "plástico" – não é imutável.[1] Ele pode se "dobrar" e se reconfigurar em resposta ao ambiente, principalmente com base na maneira como você escolhe levar a vida.[2] E essa plasticidade é de mão dupla. Em outras palavras, é quase tão fácil promover mudanças que prejudicam a memória e a cognição quanto melhorá-las. Você pode mudar o cérebro para melhor ou para pior com comportamentos e maneiras de pensar. Os maus hábitos criam vias neurais que reforçam esses mesmos maus hábitos. Os pensamentos negativos e a preocupação constante podem promover no cérebro mudanças associadas à depressão e à ansiedade. Por outro lado, a positividade e o comportamento saudável dão apoio ao funcionamento ideal do cérebro e reforçam as redes que você quer manter. Os estados mentais repetidos, os objetos nos quais concentramos a atenção, o que vivenciamos e o modo como reagimos às situações se tornam características neurais.

Esse é um conceito conhecido como regra de aprendizado de Hebb[3] e que costuma ser descrito pelos neurocientistas como a ideia de que "neurônios que disparam juntos se interligam". Sabemos que as conexões entre os neurônios têm a capacidade de mudar como plástico moldado, e essas modificações, boas ou ruins, acontecem o tempo todo com base em nossas experiências e nossos padrões comportamentais. A boa notícia é que você tem mais controle do que pensa sobre o modo como seus neurônios disparam e se interligam. Enquanto simplesmente lê esta página, pensa e sente o poder que tem sobre o supercomputador dentro do seu crânio, seu cérebro está mudando para melhor.

De todos os fatores que podem prejudicar o cérebro e aumentar o risco de neurodegeneração e declínio cognitivo, o mais notório é um processo biológico do qual você já deve ter ouvido falar: a inflamação. Mais especificamente, a inflamação crônica associada ao envelhecimento está no centro de quase todas as condições degenerativas, desde as que aumentam o risco de demência, como o diabetes e as doenças vasculares, até as diretamente ligadas ao cérebro, como depressão e doença de Alzheimer.[4] Por décadas os cientistas debateram o papel da inflamação no cérebro adoecido, mas agora uma série de novas pesquisas indica que a inflamação, além de acentuar os processos de adoecimento do cérebro que causam o declínio, também provoca esses processos. Estudos publicados nos últimos anos mostram que a inflamação crônica na meia-idade está ligada ao declínio cognitivo e à doença de Alzheimer mais tarde.[5] Embora seja útil para defender o corpo de lesões e invasores, a inflamação se torna um problema quando o sistema é ativado constantemente, liberando substâncias químicas e estimulando o sistema imunológico. Pense numa mangueira de incêndio que é aberta para extinguir uma chama, mas nunca é fechada. Toda aquela água que foi útil e restauradora no começo logo se torna destrutiva.

Enquanto fármacos antes considerados promissores para prevenir ou tratar a demência continuam a fracassar nos estudos clínicos, a narrativa em torno da doença vem mudando. Em 2020, a influente revista *Lancet* publicou seu relatório atualizado sobre prevenção, intervenções e tratamento da demência.[6] O relatório, publicado originalmente em 2017 por um grupo de médicos, epidemiologistas e especialistas em saúde pública, listou os seguintes nove fatores de risco: menor grau de instrução, pressão alta, deficiência auditiva, tabagismo, obesidade, depressão, sedentarismo, diabetes e pouco contato social. Em 2020 o relatório acrescentou mais três fatores de risco com novas provas substanciais: consumo excessivo de álcool, lesão cerebral traumática e poluição do ar. Os autores fizeram um cálculo espantoso e escreveram: "Juntos, os doze fatores de risco modificáveis são responsáveis por cerca de 40% das demências no mundo inteiro, que teoricamente poderiam ser prevenidas ou adiadas." Isso diz muito. Imagine eliminar 40% dos casos mundiais de demência só com a mudança de hábitos cotidianos básicos.

Em 2022 foi publicado no periódico *Journal of the American Medical Association* outro estudo, que revelou mais um fator de risco modificável a ser acrescentado à lista: deficiência visual.[7] E os cálculos desse último estudo são igualmente espantosos: só nos Estados Unidos, cerca de 100 mil casos atuais de demência poderiam ter sido prevenidos com uma visão saudável. A conexão entre visão e cognição talvez não pareça muito óbvia, mas, como ressaltam os autores do estudo, nosso sistema neural mantém seu funcionamento por meio dos estímulos recebidos dos órgãos sensoriais. Sem esses estímulos, os neurônios morrem, reorganizando o cérebro. As questões oculares são relativamente fáceis de resolver com a tecnologia moderna para melhorar a visão e remover cataratas. E todos esses fatores de risco se entrecruzam. Ouvir e enxergar bem, por exemplo, afeta o modo como participamos de atividades, socializamos e levamos a vida em geral.

Dito isso, há seis pilares para manter a mente afiada e reduzir todos esses riscos modificáveis – o que também diminui a probabilidade de inflamação crônica. Vamos examiná-los brevemente, pois eles serão nosso guia para colocar o programa em prática no nosso dia a dia. Se conseguir criar hábitos diários que respeitem esses pilares da saúde cerebral, você estará com meio caminho andado.

Os seis pilares de uma mente afiada

1º PILAR: ALIMENTAÇÃO

É verdade. Você é o que você come. Faz tempo que há indícios da ligação entre alimentação e saúde cerebral. Mas agora finalmente temos evidências de que consumir determinados alimentos e limitar a ingestão de outros ajuda a evitar o declínio do cérebro e da memória, protege o cérebro de doenças e maximiza seu desempenho. Os mocinhos: peixes de água fria, proteínas vegetais, cereais integrais, azeite extravirgem, castanhas e sementes, frutas e legumes ricos em fibras – tudo que caracteriza a chamada dieta mediterrânea, sobre a qual você provavelmente já deve ter lido. Os bandidos: tudo que é rico em açúcar, gordura saturada e gorduras trans – ou seja, tudo que caracteriza a chamada alimentação-padrão norte-americana.

Comer bem é mais importante do que nunca, agora que sabemos que a alimentação afeta a saúde cerebral. O microbioma do intestino humano – os trilhões de bactérias que moram no nosso intestino – tem um papel fundamental na saúde e no funcionamento do cérebro, e o que comemos contribui para a fisiologia do microbioma, que vai até o nosso cérebro. A conexão intestino-cérebro está bem estabelecida, e muitos neurocientistas chamam o intestino de segundo cérebro.

Em 2015 surgiu a dieta MIND para o envelhecimento cerebral saudável, com base em anos de estudos sobre nutrição, envelhecimento e doença de Alzheimer liderados pelos pesquisadores do Rush Institute for Healthy Aging (Instituto Rush para o Envelhecimento Saudável).[8] Essa dieta foi criada com base em duas dietas populares – a mediterrânea e a DASH (Dietary Approaches to Stop Hypertension, ou abordagens dietéticas para controle da hipertensão) –, modificadas para incorporar mudanças alimentares que melhoram a saúde cerebral. MIND significa *mente* em inglês, e a sigla significa Mediterranean-DASH Intervention for Neurodegenerative Delay (ou intervenção mediterrânea-DASH para atraso neurodegenerativo). E não há nada de surpreendente nessa dieta: joinha para os legumes e verduras (principalmente as hortaliças), castanhas, frutas vermelhas, leguminosas, cereais integrais, peixes, aves, azeite e, para os interessados, vinho; polegar para baixo para carne vermelha e processada, manteiga e margarina, queijo, doces, frituras e *fast food*. O que pode surpreender você é que essa alimentação funciona muito bem para o cérebro. Num estudo controlado com quase mil pessoas sobre esse estilo de alimentação durante dez anos, os pesquisadores demonstraram que podiam prevenir de forma mensurável o declínio cognitivo e reduzir o risco de doença de Alzheimer. As pessoas no terço inferior da pontuação MIND (ou seja, que seguiram menos a dieta) tiveram a taxa mais rápida de declínio cognitivo. Quem ficou no terço superior da pontuação teve a taxa de declínio mais lenta. A diferença de declínio cognitivo entre o terço superior e o inferior foi equivalente a cerca de sete anos e meio de envelhecimento. Eu gostaria de recuperar sete anos e meio de envelhecimento, e tenho certeza de que você também.

Quem estava no terço superior de pontuação da dieta MIND teve redução de 53% no risco de desenvolver Alzheimer, e quem estava no terço intermediário ainda gozava de uma redução de 35% do risco de desenvolver a doença. Estudos subsequentes confirmaram o poder dessa dieta, inclusive um publicado no fim de 2021, que mostrou que os participantes do estudo original que seguiram a dieta MIND moderadamente não tiveram problemas cognitivos mais tarde.[9]

Embora nenhum alimento isolado seja o segredo da boa saúde cerebral, a combinação de alimentos saudáveis ajudará a proteger o cérebro de ataques, e nunca é cedo demais para começar. Pense nisso. A comida que você ingere na juventude começa a preparar o terreno para proteger seu cérebro anos depois. Essa é uma questão que vou repetir várias vezes. Nunca é tarde demais para começar qualquer uma das mudanças de vida deste livro, mas isso também não significa que você deva esperar. Um amigo meu acabou de completar 60 anos. Não estou exagerando ao dizer que ele é uma das pessoas mais saudáveis e em melhor forma física que conheço. O mais notável é que ele não passa muito tempo se exercitando nem pensando sobre isso. O movimento simplesmente faz parte da rotina dele – ao longo de todo o dia. Esse sempre foi um hábito fundamental de sua vida e serve para nos lembrar que é muito mais fácil fazer uma manutenção preventiva do que fazer grandes reparos depois que o defeito aparece. Isso vale para nossa casa, nosso carro, nosso corpo e nosso cérebro.

Pode dar adeus aos protocolos alimentares estritos e pouco realistas. Embora dietas como a MIND ofereçam uma estrutura, você poderá criar refeições que satisfaçam suas preferências ao mesmo tempo que se mantém no caminho da saúde cerebral. Estamos falando de um estilo de alimentação, não de diretrizes rígidas e impositivas do tipo *coma isso, não coma aquilo*. A comida deve ser uma fonte de nutrição, sim, mas também de prazer. De vez em quando saio da minha rotina alimentar e saboreio tudo que como sem culpa nenhuma. Há pouco espaço para a culpa neste livro, porque essa emoção específica faz muito mal ao cérebro.

• • •

Ao longo do programa nos concentraremos na palavra *nutrição* em vez de *dieta* e buscaremos seguir meu protocolo S.H.A.R.P., que recorre ao que já se demonstrou ser uma "dieta" útil e oferece um plano nutricional abrangente que você pode personalizar:

- **S:** Saem açúcar e sal, e siga o ABC. O "ABC" é um método sugerido pelo relatório "Comida para o cérebro", do Global Council on Brain Health (Conselho Global de Saúde do Cérebro), para discernir os alimentos de alta qualidade, a lista A, dos que podem ser incluídos com moderação (lista B) e dos que devem ser limitados (lista C).[10]
- **H:** Hidrate-se com inteligência.
- **A:** Acrescente mais ácidos graxos ômega-3 de fontes alimentares naturais.
- **R:** Reduza as porções.
- **P:** Planeje as refeições.

Quando as pessoas me perguntam sobre o truque alimentar mais importante para otimizar a função cerebral, sempre cito a primeira letra – "S" – da sigla. Não se pode questionar o fato de que seria bom para todos nós reduzir a ingestão de sal e açúcar. É o modo mais fácil de pender para os alimentos mais saudáveis em geral e limitar o consumo de comida ultraprocessada.

Embora seja difícil fazer estimativas precisas, os americanos consomem, em média, quase vinte colheres de chá de açúcar adicionado por dia, a maior parte sob a forma extremamente processada de frutose, derivada do xarope de milho rico nessa substância.[11] Meu palpite é que boa parte dessa ingestão de açúcar ocorre sob forma líquida – refrigerantes, bebidas energéticas, sucos, chás saborizados – ou em produtos alimentícios ultraprocessados, como doces e sobremesas. Como você aprenderá mais adiante neste livro, a ingestão de açúcar está ligada de várias maneiras à saúde cerebral: vai do aumento de desequilíbrios do açúcar no sangue, que aceleram diretamente o declínio cognitivo, à indução no cérebro do "diabetes tipo 3", que é associado à doença de Alzheimer.

Embora gostemos de pensar que nos fazemos um favor quando substituímos o açúcar refinado por substâncias como aspartame, sacarina e até produtos seminaturais como a sucralose, nada disso é ideal. Os adoçantes artificiais afetam as bactérias intestinais (o microbioma) e por isso podem levar a disfunções metabólicas, como a resistência à insulina e o diabetes, contribuindo para a mesma epidemia de obesidade para a qual foram vendidos como solução. Como você agora sabe, são exatamente essas as doenças que aumentam o risco de declínio e deficiência cerebral grave. Em geral, nos concentramos nas mudanças nutricionais para perder alguns quilos ou baixar o colesterol, mas você vai se espantar com a rapidez com que pode se livrar do nevoeiro mental e melhorar sua função cognitiva com algumas alterações simples na alimentação. É por isso que, na 1ª Semana do programa, começaremos na cozinha. E não é preciso eliminar toda a doçura da vida. Há formas de satisfazer seu gosto por doces com ingredientes naturais.

Ao reduzir o açúcar, você também reduzirá a ingestão de sal, pois boa parte dele vem junto com o açúcar adicionado a muitos produtos ultraprocessados. Faz tempo que já sabemos que o sal está envolvido no aumento do risco de hipertensão arterial, que, por sua vez, eleva o risco de doença cardiovascular, derrame e outros problemas de saúde. Mas evidências mais recentes mostram ainda que a ingestão elevada de sal ativa uma via no cérebro que causa anormalidades cognitivas. Em outras palavras, uma alimentação rica em sal prejudica o cérebro diretamente. Embora estudos anteriores tenham levado os pesquisadores a pensar que o excesso de sal causava principalmente a redução do fluxo sanguíneo cerebral, essa nova pesquisa mostra que a alimentação rica em sal provoca o acúmulo de proteínas tau no cérebro. Essas proteínas interferem no funcionamento adequado dos neurônios e podem causar deficiência cognitiva e, por fim, demência.[12] A pesquisa igualmente revelou que o excesso de sal também afeta negativamente a saúde intestinal e imunológica.

Pode ser difícil saber quanto sal você consome, porque grande parte dele se esconde em alimentos ultraprocessados e pratos de restaurantes. Você fará um favor a si mesmo limitando ou, idealmente, eliminando os alimentos muito salgados. A outra boa notícia é que a pesquisa mostra que alguns efeitos negativos atribuídos ao excesso de sal podem ser revertidos em 12 semanas de alimentação com pouco sal. Se começar a se concentrar no controle da ingestão de sal na primeira semana, ao fim do programa você talvez já tenha conseguido escapar das disfunções vasculares e cognitivas que poderiam se desenvolver só por conta do excesso de sal. Observe que muitas vezes as palavras *sal* e *sódio* são usadas de forma intercambiável. O sódio é um mineral, um dos dois elementos químicos que formam o sal, ou cloreto de sódio, composto cristalizado usado em receitas e polvilhado no prato. O sódio é o ingrediente do sal que afeta o corpo, e para nosso propósito não importa se você o chamar de sódio ou sal – ambos podem prejudicar o cérebro e, em excesso, causar déficit cognitivo.

2º PILAR: MOVIMENTO (NÃO APENAS "EXERCÍCIO")

Isso não deveria ser surpresa para ninguém. O movimento, tanto o aeróbico quanto o anaeróbico (musculação), faz bem não só ao corpo; ele é ainda melhor para o cérebro. Pense nele como o único superalimento para o cérebro! Na verdade, até agora o esforço físico é o único elemento cientificamente documentado a melhorar a saúde e o funcionamento do cérebro. Embora possamos relatar a associação, digamos, entre a alimentação e a saúde do cérebro, a conexão entre boa forma física e boa forma cerebral é clara, direta e poderosa. O movimento aumenta a capacidade intelectual porque ajuda a gerar, reparar e manter os neurônios e nos deixa mais alertas e produtivos ao longo do dia.

Faço questão de usar a palavra *movimento* em vez de *exercício* porque ela tem um ar mais positivo e evita a ideia de tarefa desagradável. O movimento também inclui mais do que as flexões ou exercícios formais – ele é fundamental para a vida. Talvez ainda mais importante seja saber que o movimento é uma das maneiras mais confiáveis de liberar uma substância proteica chamada BDNF, ou *brain-derived neurotrophic factor* (fator neurotrófico derivado do cérebro).[13] Um importante neurocientista o descreveu como "adubo para o cérebro".[14] Além de promover o nascimento de novas células cerebrais (neurogênese), o BDNF também protege os neurônios existentes e garante sua sobrevivência, ao mesmo tempo que estimula a formação de sinapses, as conexões entre neurônios. Curiosamente, os estudos demonstraram nível reduzido de BDNF nos pacientes com Alzheimer.[15] Assim, não surpreende que os cientistas procurem maneiras de elevar o BDNF no cérebro por meio de hábitos simples. No topo dessa lista está o movimento.

Essa é uma área em que o ditado "O que é bom para o coração é bom para o cérebro" não se aplica perfeitamente. Embora a atividade aeróbica mais intensa seja melhor para o coração, atividades moderadas como a caminhada rápida parecem melhores para o cérebro. Os cientistas especulam que o BDNF é liberado nas duas situações, mas o excesso de cortisol secretado na atividade intensa, principalmente quando a intensidade é prolongada, inibe sua função.[16] Para o coração, vá correr, mas, para o cérebro, desacelere o ritmo e faça caminhadas vigorosas. O ideal é planejar atividades moderadas diárias com intensidade apenas suficiente para elevar a frequência cardíaca e bombear mais sangue pelo corpo (e pelo cérebro). Então, a intervalos ao longo da semana, planeje incorporar musculação para preservar a saúde óssea e muscular. Mais massa muscular também significa mais fluxo sanguíneo para o cérebro, além de maior produção de BDNF. Há muitas evidências de que você naturalmente obtém benefícios aeróbicos e musculares ao realizar atividades cotidianas como caminhar, levantar objetos e subir escadas, mas ainda é bom fazer um esforço extra para aumentar tanto o débito cardíaco quanto o uso dos músculos. Não é preciso andar na esteira ergométrica nem levantar pesos todos os dias, mas é preciso pensar em maneiras de aumentar a frequência cardíaca diariamente e fazer musculação duas ou três vezes por semana, em dias não consecutivos. Não vou lhe dar diretrizes estritas aqui, mas vou lhe pedir que documente seus "exercícios" durante o programa. Ao documentar seus treinos e avaliar como se sente, poderá fazer modificações para chegar à rotina ideal *para você*.

O movimento é a coisa mais importante que você pode fazer *em geral* para melhorar a função e a resiliência cerebral contra doenças. A boa forma física talvez seja o principal ingrediente para a vida mais longa possível, apesar de todos os outros fatores de risco, como idade e genética. E, embora pareça difícil acreditar, vou reiterar que o movimento frequente é a única atividade comportamental cientificamente comprovada a provocar efeitos biológicos benéficos para o cérebro. Ainda não podemos dizer que o movimento é capaz de reverter os déficits cognitivos e a demência, mas os indícios dos seus benefícios vêm se acumulando. O exercício pode desacelerar a perda de memória, e novas pesquisas mostram que é capaz de reverter o declínio cognitivo em camundongos idosos, o que abre caminho para estudos em seres humanos.[17] Lembre-se: um corpo em movimento tende a permanecer em movimento. E, se você não vem se movimentando e suando com regularidade, começar hoje pode proteger significativamente seu cérebro no futuro. Novamente, nunca é cedo nem tarde demais! O movimento físico pode ser o investimento em si mesmo que lhe trará o maior retorno e é um antídoto para muitas coisas que aumentam o risco de declínio cognitivo.

Não subestime o poder da massa muscular

Quando as pessoas pensam em "exercício", costumam se referir a atividades que trabalham principalmente o sistema cardiovascular. Mas não esqueça a criação e a manutenção da massa muscular, um dos heróis esquecidos do organismo. Na verdade, a perda de tecido muscular contribui significativamente para o declínio físico, que, por sua vez, afeta o cérebro. Há estudos em andamento para demonstrar a ligação entre a saúde física muscular e a saúde cerebral, mas por enquanto as evidências são claras: a diminuição da massa muscular está associada ao declínio cognitivo mais acentuado e a um risco maior de demência.[18]

O envelhecimento provoca uma perda muscular natural e gradual que se acelera com a idade, a menos que você faça um esforço concentrado para preservar a força e a massa muscular. E há uma relação entre o estado da massa muscular e a duração da vida. A perda progressiva de massa e função musculares que em geral ocorre com a idade se chama sarcopenia e pode afetar a capacidade de realizar tarefas cotidianas básicas, o que, com o tempo, reduz sua qualidade de vida. Em poucas palavras: força e massa muscular são fundamentais para a sobrevivência, e perdê-las não é inevitável.

Em 2021, os Centros de Controle e Prevenção de Doenças dos Estados Unidos (CDC) lançaram um grande estudo que constatou que o declínio cognitivo é duas vezes mais comum em adultos sedentários do que nos ativos.[19] O mais chocante foi o estudo destacar que uma estimativa de 11,2% dos adultos americanos com 45 anos ou mais têm o chamado declínio cognitivo subjetivo, ou seja, a experiência de piora ou aumento da frequência de confusão e perda de memória em comparação com o ano anterior. A prevalência desse declínio cognitivo subjetivo aumentava conforme o nível de atividade física caía. Assim, a lição é clara: mexa-se mais e com frequência. Não fique sentado mais de uma hora sem se levantar e dar uma volta.

Alguns anos atrás, visitei os tsimanes, um povo indígena no interior da floresta amazônica. Eu me interessei por eles porque acredita-se que tenham o coração mais saudável do mundo. Quando estive lá, pesquisadores divulgaram novos dados que mostram que esse povo praticamente não tem nenhuma evidência de diabetes e demência, e os pesquisadores achavam que um grande fator determinante para isso era o movimento constante. As únicas pessoas que vi sentadas eram os membros mais velhos do grupo. A maioria dos tsimanes ficava em pé ou andava durante o dia (embora, naturalmente, se sentassem juntos para comer) e se deitava para dormir à noite. Raramente vi os tsimanes correrem. Mesmo quando caçavam, andavam rapidamente e perseguiam a presa até o animal se cansar, e só então o matavam. O número médio de passos diários ficava por volta de 17 mil – um número alto, mas muito factível. O movimento moderado constante parecia trazer grandes benefícios aos tsimanes, algo que também podemos incorporar à vida cotidiana. É só não parar de se mexer e se lembrar de que a falta de atividade é culpada de muitíssimas doenças. Sentar-se demais acaba com o corpo – e com o cérebro.

Nem todos podemos praticar atividade incessante o dia todo. Levantar-se para praticar atividades leves, como caminhar dois minutos a cada hora, foi associado à probabilidade 33% menor de morrer num período de três anos.[20] Dois minutos! Esse é um grande aumento na prevenção a curto prazo. Meros 120 segundos por hora já neutralizam os efeitos prejudiciais de ficar muito tempo sentado.

A magia do movimento

Há muito tempo sabemos que o movimento frequente, que aumenta o fluxo sanguíneo e faz os músculos trabalharem, está ligado à saúde do cérebro. Um grande fator é o controle da glicemia. Usar o açúcar para abastecer seus músculos ajuda a prevenir as flutuações acentuadas da glicose e da insulina que aumentam o risco de demência. O movimento constante de intensidade moderada também reduz inflamações, o que é fundamental para prevenir a demência. Pense também nestes outros benefícios:

- Risco reduzido de morte por qualquer causa
- Aumento na resistência, força, flexibilidade e energia
- Aumento do tônus muscular e da saúde óssea
- Aumento na circulação sanguínea e linfática e no suprimento de oxigênio a células e tecidos
- Sono mais tranquilo
- Redução do estresse

- Aumento da autoestima, da confiança e da sensação de bem-estar
- Liberação de endorfinas, neurotransmissores que atuam como potencializadores do humor e analgésicos naturais
- Redução do nível de açúcar no sangue e do risco de resistência à insulina e de diabetes
- Distribuição ideal do peso e menor circunferência abdominal
- Melhora na saúde cardíaca, com risco menor de doença cardiovascular e pressão alta
- Redução das inflamações e do risco de doenças ligadas à idade, do câncer à demência
- Sistema imunológico mais forte

O movimento adequado que melhora a saúde do cérebro inclui uma combinação de trabalho aeróbico deliberado (como nadar, pedalar, correr, aulas coletivas de aeróbica, jogar tênis ou *pickleball*), musculação (com pesos livres, faixas elásticas, aparelhos de academia, Pilates, afundos, agachamentos) e rotinas que promovam flexibilidade, coordenação e equilíbrio (como alongamentos e yoga). Mas não pense apenas em termos de exercício. O movimento também inclui uma vida fisicamente ativa no decorrer do dia: usar a escada em vez de pegar o elevador; não ficar muito tempo sentado; fazer caminhadas nas pausas; realizar tarefas domésticas; praticar hobbies como dança, caminhada e jardinagem.

Se você não se move o suficiente, é provável que melhore já na 2ª semana. Para mim, o movimento frequente é um ritual diário não negociável, como escovar os dentes. Será assim para você também.

3º PILAR: REPOUSO (EM VIGÍLIA)

> Não é o estresse que nos mata, mas nossa reação a ele.
>
> – HANS SELYE

Credita-se ao Dr. Hans Selye o uso atual da palavra *estresse*. Ele é considerado um dos pioneiros da pesquisa sobre o assunto. Em 1936 ele definiu o estresse como "a reação não específica do corpo a qualquer exigência de mudança". Seu trabalho seguiu o de seu antecessor Dr. Walter Bradford Cannon, diretor do departamento de fisiologia da Escola de Medicina de Harvard, que criou a expressão "luta ou fuga" para descrever a reação de um animal a ameaças. Um visionário, Selye propôs que, quando submetidos a estresse persistente, tanto seres humanos quanto animais desenvolveriam algumas aflições que representam risco à vida, como enfartes ou derrames – anteriormente atribuídos apenas a patógenos específicos.

Foi uma ideia revolucionária na época, mas que passamos a considerar um fato a partir das inúmeras evidências científicas coletadas ao longo do século passado, que mostram o impacto que a vida e as experiências cotidianas têm tanto sobre o bem-estar emocional quanto sobre a saúde física. É interessante que a palavra *estresse* em relação às emoções só tenha passado a fazer parte do nosso vocabulário cotidiano na década de 1950. Seu uso ficou ainda mais comum com o advento da Guerra Fria, uma época cheia de medo em que a palavra *estresse* passou a ser usada para descrever o medo da guerra atômica. Hoje continuamos a usá-la para descrever tudo que nos afeta emocionalmente, seja a ameaça de guerra global, sejam as discordâncias nos relacionamentos, sejam as situações difíceis no trabalho.

Numa escala de 1 a 10, sendo 10 o mais extremo, como você classificaria seu nível de estresse? E se eu lhe dissesse que hoje o estresse é considerado um gatilho da neurodegeneração silenciosa, que ocorre anos antes do aparecimento de qualquer sintoma? Veja: a meta de levar uma vida sem estresse não é realista nem vale a pena. A verdade é que precisamos do estresse. É ele que nos ajuda a levantar da cama pela manhã, a estudar para as provas e a ter motivação para experimentar coisas novas. O estresse não é o inimigo, mas o estresse persistente é um grande fator determinante das piores crises de saúde nos países mais ricos, como a má saúde mental. No influente livro *Por que as zebras não têm úlceras?*, Robert Sapolsky afirma que, quando a zebra está sendo caçada, seu nível de estresse é estratosférico, mas assim que escapa ela volta a pastar alegremente sem estresse. Os seres humanos precisam viver mais como as zebras.

O terceiro pilar, o repouso, engloba muitas coisas, desde encontrar formas de reduzir o volume do estresse psicológico até garantir que o cérebro tenha as pausas físicas de que precisa para se reorganizar e se recuperar.[21] E estou falando de pausas durante as horas de vigília, nas quais você pratica atividades tranquilas, meditativas e redutoras do estresse.

Relaxar ou abrir espaço para o repouso não é apenas uma necessidade física do corpo; seu cérebro também precisa descansar. Dezenas de estudos bem projetados mostram que o estresse crônico prejudica a capacidade de aprender e de se adaptar a novas situações e corrói sutilmente a cognição. Em termos mais específicos, o estresse destrói células do hipocampo, local do cérebro responsável pelo armazenamento e pela recuperação de lembranças. Assim, ao reduzir o estresse, além de preservar células vitais para a memória, você também melhora o foco, a concentração e a produtividade. Menos estresse lhe dá mais paz de espírito. E não podemos ignorar que o estresse também contribui para aumentar os níveis de ansiedade e para piorar o humor em geral, o que, por sua vez, aumenta o risco de depressão e promove inflamações.

Não faltam maneiras de diminuir o nível de estresse. As ideias são muitas: exercícios de respiração; aulas de yoga restaurativo (ou simplesmente 10 minutos de alongamentos revigorantes); passeios tranquilos na natureza (terapia da natureza); escrever um diário; leitura leve; escutar música; praticar a atenção plena por meio da meditação; conversar com um bom amigo; brincar com um animal de estimação; e até sonhar acordado. Você usará o programa para descobrir o que dá certo com você e planejar mais momentos de repouso em seus dias, por mais caóticos que sejam. Algumas atividades de repouso, como ir a um spa, exigirão maior planejamento, mas pequenos momentos cotidianos de repouso são igualmente importantes e exigem intencionalidade. Para você, talvez seja suficiente programar um alarme no celular para indicar o momento diário e exclusivo de pausa, no qual você praticará alguma atividade relaxante.

Sempre achei extraordinária a rapidez com que algumas dessas técnicas funcionam. Acalmar-se leva apenas noventa segundos de um simples exercício de respiração capaz de tranquilizar o sistema nervoso. Quando você fica estressado, o sistema nervoso simpático do corpo se ativa. É a resposta de luta ou fuga, que eleva a pressão arterial, contrai os vasos sanguíneos e dá aquela sensação de nó na barriga. É como pisar com tudo no acelerador do carro. O sistema nervoso parassimpático age ao contrário: é o responsável pelo descanso e pela digestão. Permite que seu corpo relaxe, abre as vias aéreas e até melhora a saúde emocional. Eis a boa notícia: algumas respirações abdominais profundas a partir do diafragma mudam rapidamente a fisiologia e são suficientes para ativar a resposta parassimpática. Por ser algo tão fácil, as pessoas geralmente duvidam do incrível poder da respiração profunda e concentrada. Mas, agora que você já sabe o que é o sistema nervoso parassimpático e como controlá-lo, provavelmente vai se dedicar a esse comportamento e, quem sabe, até incentivar seus entes queridos a fazer o mesmo.

Espero que você experimente pelo menos um exercício respiratório e encontre no programa uma coleção de estratégias para incorporar à sua vida desde já. O estresse sempre existirá, mas não precisa ter efeito negativo. O modo como você responde a ele – e alivia sua carga geral – é o mais importante.

4º PILAR: SONO REPARADOR

> Até a alma submersa no sono trabalha com afinco e ajuda a compreender o mundo.
>
> – HERÁCLITO

Obviamente, o sono é o repouso supremo. Dormir mal prejudica a memória e, com o tempo, aumenta o risco de declínio e doença cerebral graves.[22] Dois terços das pessoas que vivem nos países desenvolvidos dormem mal cronicamente. São dezenas de milhões de pessoas.

A privação crônica de sono aumenta o risco de demência, depressão e transtornos do humor, problemas de memória e aprendizagem, doença cardíaca, hipertensão arterial, ganho de peso e obesidade, diabetes, lesões ligadas a quedas, disfunção imunológica e câncer. Ela pode até provocar vieses de comportamento, fazendo com que concentremos nossa atenção em informações negativas na hora de tomar decisões. O sono é essencial para consolidar a memória e arquivá-la para recordação posterior. Pesquisas mostram que surtos breves de atividade cerebral durante o sono profundo, os chamados fusos do sono, efetivamente transferem as lembranças recentes, inclusive o que aprendemos ao longo do dia, do espaço de curto prazo do hipocampo para o "disco rígido" do neocórtex.[23] Em outras palavras, o sono limpa o hipocampo para que ele possa receber novas informações que serão processadas posteriormente. Sem o sono, essa organização da memória não acontece.

Mais do que apenas afetar a memória, o déficit de sono nos impede de processar informações. Assim, além de perder a capacidade de recordar, você não consegue sequer interpretar as informações – assimilá-las e pensar sobre elas. Entre os achados mais recentes e fascinantes sobre o sono está a descoberta do efeito de "lavagem" do cérebro.[24] O organismo elimina os resíduos e fluidos dos tecidos por meio do sistema linfático, cuja ação se acelera durante o sono. O cérebro tem um "ciclo de limpeza" para lavar o lixo e os detritos metabólicos, inclusive as proteínas viscosas que contribuem para formar aquelas placas amiloides presentes em cérebros adoecidos. O sono é o botão que liga esse ciclo de limpeza. Na verdade, são os sinais elétricos do cérebro disparados durante o sono de ondas lentas que ajudam a ativar esse ciclo de enxágue. Se não dormir o suficiente para ter o sono de ondas lentas, que é a fase mais profunda do sono sem movimento rápido dos olhos (NREM, também chamado de sono profundo), você não limpará tão bem os resíduos. Em 2019 pesquisadores registraram as ondas de atividade elétrica seguidas por ondas de fluido cefalorraquidiano que circulavam pelo cérebro.[25]

Falta de sono não é algo a comemorar – muito menos de que se gabar. Se você acha que se levantar às 4 da manhã tendo ido dormir à meia-noite vai lhe trazer mais sucesso, pense melhor. Nenhum dado mostra que as pessoas bem-sucedidas dormem menos, apesar da tendência entre celebridades e empreendedores de exaltar as virtudes de dormir tarde e acordar supercedo. Minha esperança é que você comece a priorizar o sono; esse será um elemento fundamental do programa, ao lado das estratégias para reduzir o estresse. Todos precisamos de sete a nove horas de sono por noite, mas, em média, os americanos dormem menos de sete – cerca de duas horas menos do que há um século.

O Dr. Matthew Walker, professor de neurociência e psicologia do campus de Berkeley da Universidade da Califórnia, está entre os pesquisadores pioneiros do sono.[26] Ele dizia que o sono é o terceiro pilar da boa saúde, ao lado da alimentação e do movimento. Mas, de acordo com seus últimos achados sobre o modo como o sono preserva o cérebro e o sistema nervoso, ele agora ensina que o sono é a coisa mais eficaz que podemos fazer para reiniciar o cérebro e o corpo, além de aumentar a expectativa de vida saudável. Como algo que passamos cerca de 25 anos fazendo poderia ser inútil?

Ao contrário da crença popular, o sono não é um estado de ociosidade neural. Ele é uma fase crítica em que o corpo se reabastece de várias maneiras – algo que, em última análise, afeta todo o organismo, do cérebro ao coração, ao sistema imunológico e a todo o metabolismo. É normal que o sono mude com a idade, mas a perda de qualidade do sono à medida que envelhecemos não é normal. Embora os transtornos do sono, como a apneia e acordar cedo demais, fiquem mais comuns com a idade, em geral eles podem ser tratados com mudanças simples do estilo de vida.

Este programa vai ajudar você a reivindicar seu direito a uma boa noite de sono e a consegui-la com mais regularidade.

5º PILAR: DESCOBERTA

A cada ano adicional que você continua trabalhando, o risco de demência se reduz em 3,2%.[27] Agora leia outra vez. Aqui, o que protege seu cérebro é o trabalho contínuo, não cochilar na praia. Agora, 3,2% não parecem uma grande redução, mas na vida real ela é imensa. O estudo por trás desse achado incluiu quase meio milhão de pessoas e mostrou que quem se aposentava com 65 anos tinha um risco cerca de 15% menor de desenvolver demência do que quem se aposentava com 60, mesmo levando em conta outros fatores. Manter-se empenhado no trabalho, principalmente quando ele é satisfatório, tende a manter as pessoas socialmente conectadas e mentalmente desafiadas, mas também fisicamente ativas – e tudo isso protege a cognição. Lição: aposente-se tarde ou nunca. (A rainha Elizabeth II trabalhou até morrer com 96 anos!)

Isso surpreende muita gente que imagina que ficará fisicamente mais ativo quando não trabalhar mais, mas o contrário é que é verdadeiro. Quem fica mais tempo empregado tem uma probabilidade maior de continuar fisicamente ativo.

Quais são as explicações científicas por trás desse fato espantoso? O trabalho cria e sustenta sua reserva cognitiva fazendo exigências ao seu cérebro para mantê-lo pensando, criando estratégias, aprendendo e resolvendo problemas. A reserva cognitiva é um reflexo de quanto você desafiou o cérebro com o passar dos anos por meio da educação, do trabalho e de outras atividades. As evidências epidemiológicas mostram que pessoas com QI mais alto, maior nível de instrução e mais conquistas ocupacionais e que participam de atividades de lazer como hobbies e esportes têm risco menor de desenvolver doença de Alzheimer. Essas atividades forçam o cérebro a adquirir conhecimento o tempo todo e a trabalhar com ele de forma a construir novas redes e fortalecer as existentes. Não surpreende que estudos em animais mostrem que o estímulo cognitivo aumenta a densidade de neurônios, sinapses e dendritos. Em poucas palavras: o estímulo cognitivo cria um cérebro mais resistente a doenças como a demência.

Estimular o cérebro não significa apenas trabalhar para ganhar a vida. Ser voluntário e se envolver com a comunidade, amigos e familiares são ações que também estimulam o cérebro. Parece que a descoberta constante que ocorre quando desafiamos continuamente o cérebro, em geral com uma atividade intencional, é o segredo para promover a saúde cerebral à medida que envelhecemos.[28]

Em 2022, pesquisadores da University College, em Londres, anunciaram que o sentimento de propósito estava associado a uma redução de 19% da deficiência cognitiva clinicamente significativa.[29] E um emprego mentalmente estimulante pode adiar em 1,5 ano o surgimento da demência.

Infelizmente, a maioria das pessoas erra na hora de definir as atividades cognitivamente estimulantes que facilitam novas descobertas. Embora haja hora e lugar para desafiar a mente com jogos, quebra-cabeças e videogames on-line, não permita que essas atividades o impeçam de se dedicar ao tipo de interesse realmente estimulante em termos cognitivos: praticar um novo hobby, como pintura e fotografia digital, ou até aprender um idioma ou software novo. Ter um sentimento de propósito também ajuda a manter a plasticidade cerebral e a preservar aquela reserva cognitiva. Com o propósito, vem o amor à vida e a todas as experiências que ela propicia. O propósito também diminui a depressão, que pode ser comum no fim da vida e, em si, é um imenso fator de risco para o declínio da memória, derrames e demência.

Tenha uma vida rica, ativa, dinâmica e complexa.

– DR. ADAM GAZZALEY, professor de neurologia, fisiologia e psiquiatria do campus de São Francisco da Universidade da Califórnia

6º PILAR: CONEXÃO

> Sejamos gratos aos que nos fazem felizes; são
> eles os jardineiros encantadores que
> fazem nossa alma desabrochar.
>
> – MARCEL PROUST

Tendemos a subestimar o valor das amizades e dos relacionamentos românticos para a saúde. Mas eles são o segredo do bem-estar e da prevenção do declínio cognitivo. O grande segredo. O contato social aumenta a reserva cognitiva e incentiva comportamentos benéficos. Vários estudos com milhares de pessoas ao longo de décadas mostraram que quem mantém contato social mais frequente na meia-idade tem uma probabilidade menor de desenvolver demência mais tarde na vida. Somos criaturas sociais que precisam da conexão social para prosperar, principalmente no que diz respeito à saúde do cérebro. Uma olhada nos dados mostra que gozar de laços íntimos com amigos e familiares, além de participar de atividades sociais significativas, ajuda a manter a mente afiada e a memória forte. E não é só o número de conexões sociais que importa. O tipo, a qualidade e o propósito dos relacionamentos também afetam as funções do cérebro.

Durante a pandemia, aprendi uma valiosa lição com a Dra. Stephanie Cacioppo, pesquisadora da Universidade de Chicago, sobre a solidão. Em meu podcast, contei a ela que sou incrivelmente próximo de meus pais, mas que ultimamente, quando falávamos por telefone, as conversas se tornaram triviais. "Tudo bem" era sempre a resposta que eu recebia quando ligava para ver como estavam. Cacioppo sugeriu que eu fizesse algo incomum da próxima vez que falasse com eles: pedir ajuda. Não precisava ser nenhum pedido grande, algo relativamente simples já bastava. Meus pais são engenheiros automotivos, então decidi perguntar a eles sobre uma fumaça que vi sair do capô do carro. Eles se envolveram imediatamente, puseram os óculos de leitura, me pediram que abrisse o capô e lhes mostrasse o carro pelo celular. No dia seguinte, ligaram novamente com outro diagnóstico do problema. Esse pequeno começo levou a conversas mais profundas sobre tópicos não relacionados. Uma estratégia fácil assim pode ser aplicada a qualquer relacionamento, não só os familiares. Talvez a lição seja óbvia, mas todos desejam algum senso de propósito nos relacionamentos, e esse foi um modo fácil e autêntico de criá-lo.

A segunda lição é que, em geral, nossos relacionamentos mais profundos são com pessoas às quais podemos mostrar nossa vulnerabilidade e nossos defeitos – e para quem, às vezes, revelamos que estamos precisando de ajuda. Pedir ajuda a meus pais, embora eu seja um cinquentão, foi um modo simples de me mostrar vulnerável e aprofundar nossa relação nesse processo. Várias e várias vezes você ouvirá que o importante não é a quantidade de relacionamentos, mas a qualidade, e essa é uma estratégia para melhorá-la.

Cada vez fica mais evidente que manter a sociabilidade e interagir com os outros de maneira significativa são meios de nos proteger contra o efeito prejudicial do estresse no cérebro.[30] Todo dia vejo indícios anedóticos disso em meu trabalho como neurocirurgião e em campo, atuando como jornalista. As pessoas mais animadas e alegres apesar da idade avançada são as que mantêm amizades de alta qualidade, uma família amorosa e uma rede social dinâmica e expansiva.

O problema é que o isolamento social e o sentimento de solidão vêm crescendo em nossa sociedade. É o paradoxo de nossa era: estamos hiperconectados pela tecnologia, mas nos afastamos cada vez mais uns dos outros e sofremos com a solidão por nos faltarem conexões autênticas. Essa ausência de conexões reais tem proporção epidêmica, e enfrentamos suas calamitosas consequências físicas, mentais e emocionais, principalmente em adultos mais velhos; hoje, cerca de um terço dos americanos com mais de 65 anos e metade dos que têm mais de 85 moram sozinhos.

As pessoas com menos conexões sociais têm perturbações em seu padrão de sono, alterações no sistema imunológico, mais inflamação e nível mais elevado de hormônios do estresse. Foi constatado que o isolamento aumenta em 29% o risco de doença cardíaca e em 32% o de derrame; a solidão acelera o declínio cognitivo em idosos.[31] Num estudo com 3,4 milhões de pessoas, os indivíduos que passavam mais tempo sozinhos tiveram risco 30% mais alto de morrer nos sete anos seguintes e, surpresa: esse efeito foi maior em pessoas com menos de 65 anos![32] Dados como esses são muito significativos. Eles me dizem para prestar atenção tanto em meus relacionamentos quanto na minha saúde, com alimentação e exercícios. A socialização de alta qualidade equivale a um sinal vital.

Durante a maior parte da vida nunca fui um exemplo de sociabilidade. Alguns me descreviam como socialmente desajeitado, mas acho que o problema não era esse, e sim minha incapacidade de ver o valor de ser sociável. Eu até gostava, mas em geral via o tempo de socialização como um supérfluo, uma frivolidade, principalmente porque estava estudando para ser neurocirurgião. No entanto, durante a pandemia mudei completamente de ideia a esse respeito. Claro, eu tinha muito divertimento em casa com minha esposa e minhas três filhas adolescentes, mas faltava alguma coisa, como aconteceu com muita gente no lockdown. Quando não pude mais passar algum tempo com amigos e familiares, senti muita falta disso, num nível visceral. Percebi que havia algo errado, não só no modo como me sentia, mas em meus pensamentos. Senti a empatia começar a encolher e meu ponto de vista ficar cada vez mais soturno. Às vezes sentia que estava anuviado, perdendo o contexto rico e pleno da vida que encontrava nas pessoas que me cercavam além da família imediata. E quando enfim me reuni com alguns amigos certa noite, em segurança e ao ar livre, foi como um bálsamo para o cérebro. Eu me senti mais feliz, mais conectado, cheio de empatia e, sim, mais afiado. Até choquei minha esposa quando sugeri convidarmos os vizinhos para jantar recentemente. Gostei da companhia deles, mas agora também sei que, ao fazer isso, estou investindo de forma tangível na saúde do cérebro.

Se você ainda precisa ser convencido, convido-o a dar uma olhada na popular palestra TED do Dr. Robert Waldinger sobre o tema dos relacionamentos ("What Makes a Good Life?", O que torna a vida boa?), que já teve dezenas de milhões de visualizações. Psiquiatra do Hospital Geral de Massachusetts e professor de psiquiatra da Escola de Medicina de Harvard, o Dr. Waldinger dirige o Estudo Harvard do Desenvolvimento Adulto, que acompanha a influência das conexões entre as pessoas sobre a saúde.[33] É o mais longo estudo científico já realizado sobre a felicidade. Acontece que ter por perto pessoas em quem podemos confiar determina boa parte de nossa felicidade e função cognitiva. A força de nossas conexões com os outros permite *prever* a saúde do corpo e do cérebro ao longo da vida. Os bons relacionamentos nos protegem. Ponto final.

Assim, neste programa você também vai trabalhar para aprimorar seus relacionamentos, e não apenas sua saúde física. Prepare-se para conversar com estranhos e expandir sua rede social. Você não precisa ser casado nem ter um relacionamento sério para se beneficiar. A questão são todas as suas conexões – amizades casuais, familiares, colegas de trabalho e de estudo, parceiros no esporte, vizinhos, conhecidos ocasionais e pessoas que lhe prestam serviços, como o entregador e o técnico que conserta eletrodomésticos. Prepare-se para aprofundar suas conexões. Elas são o molho secreto da vida longa e afiada.

> More em cômodos cheios de luz. Evite comida pesada. Seja moderado ao tomar vinho. Faça massagens, banhos, exercício e ginástica. Combata a insônia com balanço suave ou o som de água corrente. Mude de ambiente e faça longas viagens. Evite estritamente as ideias assustadoras. Dedique-se a conversas e divertimentos alegres. Escute música.
>
> – *De Medicina*, AULO CORNÉLIO CELSO, c.25 a.C.–50 d.C.

Comece o jogo e prepare-se para o que virá

COMPROMISSO

O primeiro passo é o compromisso. Você já se comprometeu só por ter escolhido este livro, mas talvez precise de mais um empurrãozinho. Pense no que quer obter com este programa além de um cérebro melhor. Marque tudo que se aplicar a você:

Questionário de compromisso

- ☐ Mais energia
- ☐ Mais produtividade
- ☐ Mais confiança e autoestima
- ☐ Relacionamentos mais profundos
- ☐ Menos peso
- ☐ Mais alegria e otimismo
- ☐ Aparência mais jovem
- ☐ Alívio e prevenção de doenças crônicas
- ☐ Menos dores

- ☐ Menos ansiedade, preocupação e sentimentos de depressão
- ☐ Mais resiliência aos estressores
- ☐ Sono mais profundo
- ☐ Boa forma física e positividade corporal (sentir-se bem com seu corpo)
- ☐ Mais imunidade
- ☐ Sensação de maior controle sobre a sua vida
- ☐ Mais tempo para fazer o que quiser (divertir-se mais!)

Espero que você tenha marcado praticamente todos esses itens! Tudo isso pode ser conquistado com o programa se você se comprometer com ele. Um lembrete: só estou tentando dividir com você a sabedoria que humildemente obtive, mas tenho confiança de que ela vai melhorar a saúde do seu cérebro. A maioria das pessoas nunca tentou melhorar o próprio cérebro por acreditar que não era possível. É por isso que até mudanças pequenas causarão um grande impacto. E esse último item sobre o tempo talvez pareça anti-intuitivo, mas, assim que se dedicar à saúde ideal do cérebro, adivinhe só: tudo na vida vai fluir com mais eficiência e você não vai desperdiçar seu tempo. Em outras palavras, concentre-se no seu cérebro e todo o resto vai atrás.

O cérebro é o ponto zero. É ele que faz de você *você*. Seu coração bate, sim, mas é o cérebro que, em última análise, o faz bater e determina sua qualidade de vida e a maneira como você percebe tudo que há à sua volta. Sem um cérebro saudável, não é possível tomar decisões saudáveis (ou elas levarão tempo demais). Um cérebro saudável não contribui apenas para corpo, peso e coração saudáveis, mas também para mais confiança, um futuro financeiro mais sólido devido a decisões mais inteligentes, relacionamentos melhores, mais amor e risadas em sua vida e aumento da felicidade geral.

Agora vamos eliminar algumas possíveis desculpas:

- **Não tenho tempo.** Tem, sim. Tudo mundo tem o tempo curto, mas priorizamos o que é importante, e este programa não deve ser menos valioso para seu bem-estar do que escovar os dentes (e passar fio dental!). Tudo que vale a pena exige paciência, perseverança e esforço gradual, ainda mais quando as metas valem a pena e oferecem um retorno incrível do tempo investido.

- **Acho que não consigo terminar este programa... ele me intimida.** Pense em termos de progresso, não de perfeição. Todas as pequenas mudanças que você faz vão se acumulando e se tornam grandes mudanças gerais. O sucesso se acumula. Alguns leitores me contaram que o programa os fez pensar que o cérebro estava correndo pela primeira vez, porque antes só engatinhava. Isso já deveria ser bem inspirador. Além disso, é fundamental recordar que o autocuidado não deve ser algo que você liga-desliga. Não seja como os que caem na armadilha de se negligenciar repetidamente. E, quando precisar de constância nas rotinas e nos novos hábitos, não fique acomodado; continue a procurar motivadores importantes. Pode ser qualquer coisa: das próximas férias com a família, correr 10 quilômetros ou talvez um susto na família que faça você pensar melhor na própria saúde. Seus motivadores vão ajudá-lo a superar os pontos fracos e lembrar por que você decidiu fazer essas mudanças. Tenha fé em seu poder de mudar. Vou lhe oferecer também um espaço para escrever como está se sentindo ao longo da jornada, e isso vai ajudá-lo a processar as emoções negativas. Ter um cérebro saudável não significa que não haverá dias ruins; significa apenas que a probabilidade de ser esmagado por eles será muito menor. O cérebro saudável busca desafios e dificuldades por perceber que essas experiências fortalecem o cérebro, como um músculo. A questão é que sua atitude mental tem muito a ver com seu sucesso. Quando se sentir "arruinado" por um dia e recair nos velhos hábitos, não desista. Amanhã é sempre um novo dia. Se você registrar no papel suas dificuldades, será mais fácil identificar os padrões comportamentais, as armadilhas e os bloqueios que o impedem de aproveitar o programa ao máximo e adotar esse estilo de vida que faz bem ao cérebro. Aborde o programa como uma série de desafios divertidos, e não como tarefas a cumprir. E pense em como se sentirá depois: com a mente mais clara, em melhor forma física, mais amoroso e tolerante consigo mesmo, mais como a pessoa que você quer ser. As recompensas são imensas. Não as perca de vista.

- ***Sei que haverá aspectos do programa que não conseguirei cumprir nem sustentar por muito tempo.*** Desenvolvi este programa para ser o mais adaptável possível; afinal, há quase 8 bilhões de cérebros únicos no planeta. Pense nele como um cardápio. Um dos propósitos do programa é personalizar, de acordo com sua vida e suas preferências, todas as melhores estratégias cientificamente comprovadas para melhorar a sua saúde cerebral. Você encontrará muitas alternativas quando chegar a uma recomendação ou um desafio que não quiser adotar. O importante é não permitir que nenhum obstáculo o impeça de avançar. Se pular um desafio, tudo bem. Só registre isso e tente compensar depois ou de algum modo que funcione para você. Este programa não pretende ser rígido nem é para ser seguido ao pé da letra. Como já dissemos, avance em seu próprio ritmo, respeite as necessidades do seu corpo e se entregue ao processo. A partir do momento em que começar a fazer pequenas mudanças na forma como vive – o que come, quanto se mexe, etc. –, seu corpo passará por uma variedade de mudanças invisíveis, e todas elas criam e estabelecem uma base firme para resultados extraordinários no futuro. Faça o melhor que puder com o que conseguir todos os dias, e tudo dará certo.

- ***Nunca me coloquei em primeiro lugar dessa forma. Tenho muitas outras demandas. Vou fracassar ou, no mínimo, levar a minha família à loucura.*** Não conheço ninguém que não se sinta um pouquinho culpado quando decide se colocar antes dos outros, inclusive dos entes queridos. Mas, se não priorizar a si mesmo, você não será capaz de agir na vida – para si e para os que ama – da melhor maneira possível, se é que conseguirá. Há uma razão para dizermos aos passageiros do avião que ponham a máscara de oxigênio em si mesmos antes de ajudar os outros: assim, a probabilidade de sobrevivência de todos a bordo aumenta. Mas compreendo o dilema. Entre prazos no trabalho, tarefas domésticas, criação dos filhos e talvez o apoio a familiares mais idosos, é quase um reflexo cuidar primeiro de tudo e todos. Entendo. Somos ocupados e a expectativa sobre nós é alta. Mas, sem saúde e sem um cérebro funcionando perfeitamente, o que você fará? Como ajudar os outros a alcançar seu pleno potencial sem trabalhar no seu? Com um cérebro saudável, você se sentirá mais presente, e os outros vão notar. Você ficará menos esgotado, mais no controle e capaz de dar contribuições mais substanciais, tanto no trabalho quanto na hora da diversão. É provável que as pessoas que sacrificam as próprias necessidades pelos outros estejam condenadas a ficar com o corpo e o cérebro esgotados. E aí todos saem perdendo. Dê a si mesmo a dádiva deste programa. Você merece. Aliste o restante da família para lhe dar apoio e até a seguir com você nessa jornada. Se for um trabalho em equipe, as probabilidades de sucesso aumentam. Agende este programa em sua vida, como faria com tudo que é fundamental. E agende de novo e de novo, até que estas lições e suas atividades sejam automáticas para você.

> Talvez seja preciso lutar uma batalha mais de uma vez para vencê-la.
>
> – MARGARET THATCHER

O QUE ESTÁ TE IMPEDINDO?

Que barreiras podem dificultar seu compromisso com este programa? Mesmo sem saber ainda as características específicas do programa, você pode ter certas hesitações sobre mudanças em seu estilo de vida e em seus hábitos cotidianos. Escreva o que pode atrapalhar.

_____

_____

_____

Assuma o compromisso

A pergunta mais importante que você precisa se fazer neste momento é se está preparado. Se estiver, faça o seguinte juramento repetindo estas afirmações:

- Levarei minha saúde a sério e modificarei minha alimentação e outros comportamentos pelo resto da vida.
- Farei um esforço para me priorizar e dar a devida importância aos hábitos que ajudam ou atrapalham meu bem-estar.
- Aceitarei o fato de que a questão não é só me sentir bem ou ter uma aparência melhor; é mudar minha vida de um jeito que afete de forma positiva todos os aspectos de quem sou, do ponto de vista espiritual, emocional, cognitivo e físico.
- Usarei as próximas 12 semanas para preparar o terreno e cultivar uma mente mais afiada pelo resto da vida!

AUTOAVALIAÇÃO: EM QUE PONTO VOCÊ ESTÁ NA BUSCA POR OTIMIZAR A SAÚDE CEREBRAL E EVITAR O DECLÍNIO COGNITIVO?

Antes de começar qualquer jornada, ainda mais quando a meta é melhorar sua saúde cerebral, é bom ter uma ideia do ponto em que você está agora e em quais aspectos há espaço para melhorar. Gosto de dados, principalmente quando se trata de uma avaliação sincera da sua saúde cerebral atual. Marque Verdadeiro, Falso ou Não Sei nas perguntas a seguir. Se estiver em dúvida entre Verdadeiro e Falso, escolha a opção Não Sei (que pode tanto significar que você não tem certeza quanto que às vezes é Verdadeiro e outras vezes é Falso).

Seja sincero e franco consigo mesmo. Ninguém verá suas

respostas, a não ser que você queira mostrá-las. Estas perguntas vão revelar e quantificar seus fatores de risco de declínio cerebral. As perguntas se baseiam em dados, pois refletem os achados científicos até hoje. Não entre em pânico se responder muitos "Falso". Lembre-se: nunca é tarde demais para começar. Se seus hábitos atuais não fazem bem ao cérebro, isso só significa que você tem ainda mais a ganhar com este guia. O maior objetivo deste caderno de atividades é levar você para o bom caminho. Quanto mais consciência de seus hábitos você tiver, mais será capaz de fazer mudanças que terão impacto positivo sobre a vida e a saúde de seu cérebro.

É sempre espantoso perceber como as pessoas subestimam ou superestimam o próprio comportamento. Só quando são realmente forçadas a avaliar e quantificar o próprio estilo de vida elas tomam consciência dos seus pontos fortes e fracos. Este teste vai lhe oferecer dados pessoais importantíssimos que, em última análise, vão indicar a que aspectos dedicar mais esforço para reconstruir e manter um cérebro melhor. Depois do teste, incentivo você a escrever as três principais áreas da vida às quais seria bom dar mais atenção no programa de 12 semanas. A maior parte desses fatores de risco pode ser modificada (e deixei de fora propositalmente os fatores de risco que você não controla, como genética, gênero e idade). Lembre-se: seja qual for sua ascendência ou sua idade, você tem o poder de mudar a trajetória da saúde do seu cérebro a partir de hoje.

1 Tenho uma vida social animada e satisfatória, com um grupo muito unido de amigos e familiares.

VERDADEIRO | FALSO | NÃO SEI

2 Tenho uma rotina regular de exercícios que me desafia fisicamente, eleva minha frequência cardíaca e, às vezes, me deixa um pouco sem fôlego.

VERDADEIRO | FALSO | NÃO SEI

3 Eu me mexo bastante durante o dia e não fico muito tempo sentado.

VERDADEIRO | FALSO | NÃO SEI

4 Meu peso é saudável.

VERDADEIRO | FALSO | NÃO SEI

5 Não tenho nenhum transtorno metabólico ou cardiovascular (como hipertensão arterial, resistência a insulina, diabetes, colesterol alto).

VERDADEIRO | FALSO | NÃO SEI

6 Não recebi o diagnóstico de nenhuma infecção capaz de provocar inflamação crônica com efeitos neurológicos (como doença de Lyme, herpes, sífilis, Covid longa).

VERDADEIRO | FALSO | NÃO SEI

7 Não tomo nenhum remédio com possíveis efeitos cerebrais conhecidos (como antidepressivos, ansiolíticos, medicamentos para tratamento de hipertensão arterial, estatinas, inibidores da bomba de prótons, anti-histamínicos).

VERDADEIRO | FALSO | NÃO SEI

8 Não sofri nenhuma lesão traumática do cérebro ou da cabeça em acidentes ou esportes de impacto.

VERDADEIRO | FALSO | NÃO SEI

9 Não tenho histórico de depressão.

VERDADEIRO | FALSO | NÃO SEI

10 Não tenho histórico de tabagismo e abuso de bebidas alcoólicas.

VERDADEIRO | FALSO | NÃO SEI

11 Durmo bem regularmente, de sete a nove horas por noite, e me sinto revigorado quase todas as manhãs.

VERDADEIRO | FALSO | NÃO SEI

12 Sou diariamente desafiado em termos cognitivos em minhas atividades e no meu envolvimento com os outros (trabalho e lazer).

VERDADEIRO | FALSO | NÃO SEI

13 Sinto que minha vida tem um propósito, gosto de aprender coisas novas e me esforço para experimentar coisas novas.

VERDADEIRO | FALSO | NÃO SEI

14 Tenho uma alimentação pobre em produtos ultraprocessados, açúcar e sal e como cereais integrais, peixe, castanhas, azeite, frutas, legumes e verduras frescos.

VERDADEIRO | FALSO | NÃO SEI

15 Lido bem com o estresse e me esforço para administrá-lo; não enfrento estresse crônico e persistente que subverte a minha qualidade de vida.

VERDADEIRO | FALSO | NÃO SEI

Pontuação: para cada Falso marcado, conte um ponto. Para cada Não sei, conte meio ponto. As respostas Verdadeiro não geram pontos. Some sua pontuação. Você quer a menor pontuação possível.

0 a 5 = Muito bem. Você está entre a minoria de pessoas privilegiadas que já adotam um estilo de vida que ajuda a prevenir o declínio cognitivo. É provável que ainda precise fazer um ajuste fino de seus hábitos e continuar melhorando. Vá em frente!

6 a 10 = É provável que você tenha dias bons e ruins na busca por um estilo de vida saudável para o cérebro. Mas está no caminho. Continue aprimorando os pontos fracos e faça sua pontuação cair.

11 a 15 = Está na hora de repensar e reajustar seu estilo de vida e criar uma nova base para um cérebro melhor. Você consegue. Lembre-se: pessoas como você têm muito mais a ganhar. Destaque as respostas que mais o surpreenderam. Mantenha esses fatores de risco em foco ao longo de todo o programa.

Meus três maiores pontos fracos são (exemplo: dormir mal, não me exercitar o suficiente, comer açúcar demais):

1 _____

2 _____

3 _____

METAS

Meu palpite é que neste momento você já deve ter algumas metas em mente. Vamos registrar algumas delas aqui. Escolha três metas para três categorias: física, mental/emocional e vida em geral. Com "vida em geral" me refiro aos objetivos da vida que têm relação com o trabalho, os relacionamentos ou as atividades e os sonhos pessoais. Seja o mais específico e detalhado possível.

Física:

_____
_____
_____

Mental/emocional:

_____
_____
_____

Vida em geral:

_____
_____
_____

Quem pode lhe oferecer apoio nesta jornada? A quem você pode prestar contas? Cite essa pessoa aqui e avise-a de suas intenções para este programa:

_____
_____
_____

PREPARAR, APONTAR, JÁ...

Pense neste livro como um curso avançado para construir um cérebro melhor, que vai abrir a porta para o que você quer na vida – inclusive ser melhor pai ou mãe, filho, amigo ou cônjuge. Você pode ser mais criativo e realizado e estar mais disponível para as pessoas que ama. Também vai desenvolver mais resiliência para não perder o prumo com as dificuldades da vida cotidiana. Essas metas estão muito mais interligadas do que você pensa.

Acreditar que você sempre pode ser alguém melhor amanhã é um jeito ousado de ver o mundo e é algo que moldou a minha vida. Desde adolescente, sempre trabalhei duro para ter uma boa saúde física – para tornar meu corpo mais forte, mais rápido e mais robusto contra doenças e lesões. Acho que todo mundo tem motivações diferentes para cuidar da própria saúde. Para muitos, é se sentir melhor, realizar mais e estar presente para ajudar os filhos e outros familiares. Para outros, é ter uma certa aparência física ou participar de uma corrida ou algum outro evento esportivo.

Seja qual for a sua razão, nunca é demais afirmar: vários resultados positivos acompanham o funcionamento ideal do cérebro. Há até estudos que mostram que a tolerância à dor aumenta, a necessidade de remédios diminui e a capacidade de cura se fortalece. Quase todos os médicos com quem conversei sobre o assunto disseram alguma variação do seguinte: para cuidar melhor do corpo, é preciso primeiro cuidar da mente. É verdade, e a melhor parte é que não é tão difícil assim. Pense nisso como alguns pequenos ajustes e acertos periódicos, não em termos de grandes mudanças de vida.

Ao avançar neste caderno de atividades, não quero que você esteja fugindo de nada. O medo da demência não deve ser a sua motivação para ler este livro. Quero que você esteja correndo com entusiasmo *em direção* a alguma coisa: ao conhecimento de que poderá manter seu cérebro em sua melhor forma possível e suportar a prova do tempo neste planeta. Este é um projeto que se concentra nas pequenas coisas para alcançar grandes mudanças.

Os 12 condenados: mitos a deixar de lado

Mito nº 1: O cérebro ainda é um completo mistério
Falso. Hoje sabemos muito sobre o cérebro e sobre como mantê-lo afiado por mais tempo.

Mito nº 2: Pessoas idosas estão condenadas a esquecer
Falso. Algumas habilidades cognitivas realmente se reduzem com a idade, mas a memória falha porque não estamos prestando atenção.

Mito nº 3: A demência é uma consequência inevitável da velhice
Falso. As mudanças do cérebro ligadas à idade não são aquelas causadas pela doença, e podem ser desaceleradas para reduzir o risco de adoecimento.

Mito nº 4: Idosos não conseguem aprender coisas novas
Falso! O aprendizado pode acontecer em qualquer idade, ainda mais quando participamos de atividades cognitivamente estimulantes, como conhecer gente nova ou experimentar novos hobbies.

Mito nº 5: É preciso dominar um idioma antes de aprender outro

Falso. As diversas áreas do cérebro não brigam entre si; as crianças aprendem um novo idioma com mais facilidade do que os adultos principalmente porque não sentem tanta vergonha. Mas qualquer um pode aprender uma nova língua em qualquer idade.

Mito nº 6: A pessoa que faz treinamento da memória nunca esquece

Falso. "Use ou perca" se aplica ao treinamento da memória do mesmo modo que se aplica à força de um músculo ou à saúde física em geral. Em outras palavras, você precisa manter o cérebro trabalhando para fortalecer suas redes da mesma forma que precisa trabalhar os músculos para que se mantenham fortes.

Mito nº 7: Só usamos 10% do cérebro

Falso. Experimentos feitos com exames por imagem mostram que boa parte do cérebro está envolvida até mesmo em tarefas simples e que lesões nas pequenas seções do cérebro chamadas "áreas eloquentes" podem ter consequências profundas na linguagem, no movimento, na emoção e na percepção sensorial.

Mito nº 8: O cérebro masculino e o feminino diferem na inteligência e na capacidade de aprendizagem

Falso. Existem diferenças no cérebro de homens e mulheres que resultam em variações do funcionamento cerebral, mas não a ponto de um ser mais "bem equipado" do que o outro; nenhuma pesquisa demonstrou distinção de gênero no modo como as redes neuronais se conectam quando aprendemos novas habilidades.

Mito nº 9: Palavras cruzadas todo dia e o médico do cérebro se distancia

Não necessariamente. As palavras cruzadas só exercitam uma parte do cérebro e não manterão sua mente afiada sem exercícios adicionais.

Mito nº 10: Você é mais controlado pelo cérebro "direito" ou pelo "esquerdo"

Falso. Os exames cerebrais por imagem revelaram que, em geral, os dois hemisférios do cérebro trabalham em conjunto de forma complexa.

Mito nº 11: Você só tem cinco sentidos

Falso. Você tem outros sentidos que lhe dão mais dados sobre o mundo que o cerca, como a noção de equilíbrio, a dor, a temperatura e a passagem do tempo.

Mito nº 12: Você nasceu com todos os neurônios que terá no cérebro, seu cérebro está programado e as lesões cerebrais são sempre permanentes

Falso. O cérebro mantém a plasticidade no decorrer da vida e pode se reprogramar em resposta às experiências, inclusive a traumatismos; também pode gerar novos neurônios nas circunstâncias corretas.

Fatos cerebrais

- Do total de sangue e oxigênio circulando no organismo, o cérebro fica com 20%, apesar de só representar cerca de 2,5% do peso total do nosso corpo.
- Ao contrário de outros órgãos, não pode haver vida sem cérebro, e até hoje ele não pode ser transplantado. Você precisa trabalhar pelo resto da vida com o cérebro que nasceu com você. É possível pôr uma prótese de quadril, implantar um stent no coração e remover um câncer, mas você nunca terá outro cérebro.
- Mais ou menos 73% do seu cérebro é formado de água (assim como o coração), e por isso bastam 2% de desidratação para afetar a atenção, a memória e outras habilidades cognitivas.
- Seu cérebro pesa pouco mais de 1,3 quilo. Cerca de 60% do peso seco corresponde a gordura, o que faz do cérebro o órgão mais gordo do corpo.
- As células cerebrais não são todas iguais. Há muitos tipos de neurônio no cérebro e cada um tem uma função importante.
- O cérebro é o último órgão a amadurecer. Como qualquer pai ou mãe pode atestar, o cérebro das crianças e adolescentes não está plenamente formado; por isso eles adotam comportamentos arriscados e têm mais dificuldade para regular as emoções. Só lá pelos 25 anos o cérebro humano atinge a plena maturidade.
- As informações do cérebro podem viajar mais depressa do que carros de corrida, chegando a 400km/h.

- O cérebro começa a se desacelerar na idade surpreendentemente jovem de 24 anos, pouco antes da maturidade máxima, mas tem picos de diferentes habilidades cognitivas em diferentes idades. Não importa que idade tenha, provavelmente você ainda vai melhorar em algumas coisas. Um caso extremo é o vocabulário, que pode atingir seu ponto máximo aos 70 e poucos anos!

PARTE 2

PASSEIO GUIADO PELO PROGRAMA MENTE AFIADA, SEMANA A SEMANA

Bem-vindo à segunda parte do livro de exercícios. É aqui que a ação começa. Nas próximas 12 semanas vou guiar você por atividades e experiências que visam a afiar a funcionalidade de seu cérebro. Elas serão recomendadas numa sequência específica para que uma aproveite o que foi desenvolvido pela outra. Por ser excepcionalmente plástico, o cérebro pode se reprogramar e se remodelar em meras 12 semanas. É como desenvolver qualquer outro músculo.

Tudo bem, tecnicamente o cérebro não é um músculo, mas a analogia faz sentido: como os músculos do corpo, que atrofiam e perdem massa quando não são utilizados, o cérebro precisa ser "contraído" regularmente para se manter forte, criar novos neurônios e construir novas redes. Assim como submetemos nossos músculos a demandas físicas saudáveis para reforçar a massa e o tônus musculares, precisamos submeter o cérebro a demandas saudáveis que o forcem a pensar mais, a resolver melhor os problemas e a ser criativo (e criar novas redes) quando necessário. Como observado no Mito nº 6, o ditado "Use ou perca" se aplica tanto aos músculos reais quanto ao músculo metafórico que é sua caixa-preta interior. O bom é que, como órgão, o cérebro responde incrivelmente bem a estratégias práticas que promovem seu bem-estar.

Talvez você se sinta atarantado ou em pânico com a ideia de seguir este programa se ele exigir que você abra mão de seus pratos prediletos, comece uma rotina de exercícios depois de muito tempo sedentário, tente aprender novas maneiras de desestressar e saia de casa com mais frequência para socializar ou se unir à Mãe Natureza. Entendo que, para algumas pessoas, eliminar o vício em açúcar e suar com mais frequência pode ser difícil. A mudança é um desafio, e mudar hábitos antigos exige esforço concentrado. Você está se perguntando se isso será mesmo viável no mundo real. Bom, repito que você consegue, sim. Mergulhe de cabeça e experimente os efeitos iniciais. Em poucas semanas, prevejo que você já terá menos pensamentos ansiosos, dormirá melhor e sentirá que tem mais energia. Ficará com a cabeça mais clara, o humor mais estável e mais resistente aos estressores diários. Com o tempo, é provável que perca peso, e os exames de laboratório mostrarão grande melhora em muitas áreas de sua bioquímica, como o metabolismo e o sistema imunológico.

É bom conversar com o seu médico sobre este novo programa, principalmente se tiver algum problema de saúde, como hipertensão arterial ou diabetes. Nunca mude sua medicação nem outras recomendações feitas pelo médico sem consultá-lo. Mas pergunte ao médico se não seria bom fazer alguns exames iniciais (veja a 9ª Semana). Como já expliquei, pressão arterial, nível de colesterol, glicemia e inflamação são fatores de risco para o declínio cognitivo. Em geral, é possível melhorar esses números e deixá-los na faixa saudável com este programa e, se necessário, medicamentos. Além disso, "saber seus números" (mais uma vez, ver a 9ª Semana) pode ser um daqueles motivadores que já mencionei. Quando sabe que tem hipertensão arterial, por exemplo, você tem uma meta a atingir. Os números ou valores tornam sua jornada mais concreta.

Este programa vai ajudá-lo automaticamente a abordar essas áreas importantes, e incentivo você a conferir seus números outra vez depois do programa. Tenho certeza de que verá melhora, mas, caso contrário, será a hora de fazer uma parceria mais rigorosa com seu médico para descobrir se é preciso resolver algum problema específico e exclusivo de sua fisiologia. Conheço um indivíduo cujo microbioma oral, por exemplo, era o principal culpado subjacente pela inflamação, que, por sua vez, afetava a cognição. Assim que o médico mandou o paciente a um periodontista para resolver a higiene oral (e limpar as colônias de bactérias da boca para estimular o bioma oral saudável e reduzir a inflamação), a cognição melhorou e, provavelmente, o risco de doença e declínio cerebral grave no decorrer da vida diminuiu. Nunca subestime o poder das soluções simples.

Vá com calma: um dia, uma semana e uma mudança de cada vez. Como último lembrete, não é preciso seguir este programa à risca. Só lhe peço que faça o possível para estabelecer pelo menos um hábito novo por semana nas próximas 12 semanas. Pode levar tempo para se acostumar com os novos hábitos e eles se tornarem automáticos na vida cotidiana. É por isso que levamos pelo menos 12 semanas para consolidar essas práticas importantes e lhe dar tempo para experimentar e ajustar as estratégias ao seu estilo de vida. Embora haja algum planejamento envolvido, como encontrar tempo para se exercitar, procurar ideias de cardápio, comprar ingredientes e reunir amigos no fim de semana, você pode encaixar essas sugestões em sua vida da maneira que achar melhor.

Não vou lhe pedir que compre nada específico para que o programa funcione. Mas adoraria que você investisse em si mesmo. Talvez matriculando-se num curso de escrita criativa ou num estúdio local de dança ou yoga, o que combinar mais com as suas preferências. Personalize este programa de acordo com suas necessidades e seja franco. Se eu fizer uma sugestão que não lhe agradar, pule-a ou troque por outra. O objetivo da recomendação ficará claro, o que facilita a adaptação. Quero que este programa seja flexível, viável e personalizado. Não duvide de sua capacidade de se sair bem; desenvolvi o programa para ser o mais prático e fácil de seguir possível. E sinta-se à vontade para voltar à 1ª Semana depois de completar as 12. Este é um programa que você pode refazer várias vezes.

1ª SEMANA

Comece pela cozinha

Ao longo dos últimos anos me concentrei em criar um estilo alimentar que consigo manter com facilidade mesmo quando viajo, mas ele exige planejamento e compromisso. Você deveria se esforçar para fazer o mesmo e talvez seja preciso aprender novas estratégias para a hora de comprar ingredientes e de encontrar os alimentos melhores e mais frescos que couberem no orçamento da sua família. Vá à cozinha, faça um inventário e repense o que há na geladeira e na despensa.

Marque como concluído o seguinte item esta semana:

■ **REDUZA E SUBSTITUA**

Reduza a ingestão de bebidas açucaradas e adoçadas artificialmente, *fast food*, carnes processadas, alimentos muito salgados e doces. Pare de comprar alimentos que um agricultor (ou sua bisavó) não reconheceria.

Substitua *junk foods* como batata chips e molhos industrializados por alternativas mais saudáveis, como castanhas e palitinhos de legumes com homus. (Com isso, você reduz as gorduras trans e saturadas e ainda tem um petisco que satisfaz. É um truque fácil e muito útil para o cérebro.)

É fácil dar esse item como concluído se você seguir meu estilo alimentar S.H.A.R.P. abaixo – e evite comer fora nesta semana.

S: SAEM AÇÚCAR E SAL, SIGA O ABC

Lista A – Alimentos a consumir regularmente

- Legumes e verduras frescos (especialmente hortaliças como espinafre, acelga, couve, rúcula, folhas de mostarda, alface-romana, couve-nabiça)
- Frutas vermelhas
- Peixes e frutos do mar
- Gorduras saudáveis (por ex., azeite extravirgem, abacate, ovos)
- Castanhas e sementes (sem sal)

Lista B – Alimentos a incluir

- Feijões e outras leguminosas
- Frutas inteiras (além das frutas vermelhas)
- Laticínios com baixo teor de gordura e pouco açúcar (por ex., iogurte natural, queijo cottage, ricota, queijo minas)
- Aves
- Cereais integrais

Lista C – Alimentos a limitar ou evitar

- Frituras
- Bolos e doces
- Alimentos ultraprocessados

Carne vermelha (por ex., bovina, ovina, suína)

Produtos de carne vermelha (por ex., bacon)

Laticínios integrais, ricos em gorduras saturadas, como queijo e manteiga

Sal

DERROTE O INIMIGO PÚBLICO Nº 1

O açúcar é o inimigo público nº 1 do cérebro saudável. A quantidade de açúcar ingerida tem relação direta com a saúde metabólica, que influencia diretamente a saúde cerebral. Estima-se que quase 35% de todos os adultos americanos e 50% dos que têm 60 anos ou mais apresentem a chamada síndrome metabólica, uma combinação de doenças que você não vai querer ter, como obesidade, hipertensão arterial, resistência à insulina, diabetes tipo 2 e um perfil lipídico ruim (excesso de colesterol ruim, insuficiência de colesterol bom).

Desde 2005 os pesquisadores vêm encontrando correlação entre diabetes e o risco de doença de Alzheimer, principalmente quando o diabetes não é controlado e a pessoa tem glicemia alta crônica. Como mencionado na Parte 1, alguns cientistas chegam até a chamar a doença de Alzheimer de "diabetes tipo 3", porque ela geralmente envolve uma relação de desequilíbrio com a insulina, principal hormônio metabólico do corpo. Na raiz do diabetes tipo 3 está o fenômeno de que os neurônios do cérebro se tornam incapazes de responder à insulina, ou seja, não conseguem mais absorver glicose, o que, em última análise, leva as células a sofrer inanição e morrer. Alguns pesquisadores acreditam que a deficiência de insulina ou a resistência a ela são fundamentais no declínio cognitivo da doença de Alzheimer e poderiam estar envolvidas na formação daquelas famosas placas que danificam os sistemas cerebrais. As pessoas com diabetes tipo 2, doença caracterizada pela incapacidade de manter saudável o nível de açúcar no sangue, têm pelo menos o dobro da probabilidade de desenvolver doença de Alzheimer, e quem tem pré-diabetes ou síndrome metabólica vê aumentar o risco de deficiência cognitiva leve (DCL), que geralmente precede a demência. Mas não é preciso receber o diagnóstico de diabetes tipo 2 para estar no caminho da doença de Alzheimer. Em outras palavras: agora os estudos mostram que as pessoas com glicemia alta, com ou sem diagnóstico formal de diabetes, têm uma taxa mais elevada de declínio cognitivo do que as pessoas com glicemia normal. Os estudos são conclusivos: controle a sua glicemia e evite a disfunção metabólica; seu cérebro e sua cintura vão lhe agradecer.[1] A primeira coisa que você pode fazer para manter sua função metabólica saudável é cortar o açúcar. Ao fazer isso, provavelmente vai cortar muito sal também.

10 maneiras de tirar o açúcar da sua vida

1. Pare de tomar bebidas com açúcar ou adoçantes, como refrigerantes, chás industrializados, energéticos, sucos industrializados, *shakes* e bebidas doces à base de café.
2. Leia e compare os rótulos dos alimentos para escolher itens com a menor quantidade de açúcar adicionado. O açúcar adicionado deve ser indicado com clareza nos rótulos. E tome cuidado com nomes "disfarçados" do açúcar. Há mais de 60 desses nomes, como xarope de arroz, xarope de glucose, frutose,

suco de frutas concentrado, dextrina, açúcar mascavo, etil-maltol, maltose e caramelo. Procure termos que terminem com "ose" ou contenham "xarope", "suco" e "concentrado".

3. Use frutas frescas para acompanhar a aveia, o iogurte natural, as panquecas, etc. em vez de açúcares líquidos e xaropes.
4. Cozinhe mais em casa e coma com menos frequência em restaurantes. Assim você pode controlar seus ingredientes. Quando comer fora, prefira estabelecimentos onde você tenha uma boa noção do estilo culinário e dos ingredientes. Nunca hesite em perguntar!
5. Quando fizer bolos e biscoitos, troque o açúcar por purê de maçã sem açúcar.
6. Não tenha em casa doces, bolos e biscoitos industrializados, chocolates, bolinhos, pães doces, brownies, rosquinhas, tortas, sobremesas lácteas congeladas e balas. A maioria das barras de proteína é cheia de açúcar.
7. Evite frutas enlatadas em xarope. Atenção a molhos, temperos, pastinhas, geleias, gelatinas e conservas doces.
8. Experimente adoçantes novos e naturais sem calorias, como estévia, alulose e fruta-dos-monges.
9. Priorize o sono. O sono adequado de alta qualidade ajudará a equilibrar os hormônios, manter o metabolismo funcionando e cortar aquela fissura por açúcar.
10. Mantenha o estresse sob controle. Mais estresse significa mais atração por alimentos e bebidas cheios de açúcar.

H: HIDRATE-SE COM INTELIGÊNCIA

Um de meus mantras é "Beba em vez de comer". É comum confundirmos sede com fome. Até uma desidratação moderada reduz seu nível de energia e desorganiza o ritmo do cérebro. Como o cérebro não é muito bom em distinguir fome e sede, se houver comida por perto, tendemos a comer. Em consequência, andamos por aí empanturrados e com desidratação crônica. Ou saciamos a sede com a bebida errada. As bebidas são a principal fonte de açúcar adicionado (47% desse tipo de açúcar). Vamos ver se esta semana conseguimos evitar as bebidas que drenam o cérebro e preferir as que fazem bem.

Veja seu resumo:

- Bebidas a eliminar ou limitar muito (você já deve saber disso): refrigerantes, chás industrializados, energéticos, bebidas doces à base de café, milk-shakes, *smoothies* e sucos industrializados
- Bebidas para apreciar com moderação: café e chá, mas tome bebidas cafeinadas só até as 14 horas para não atrapalhar o sono
- Bebida ilimitada: água fresca filtrada; tente beber diariamente cerca de 35ml por quilo (ou seja, se você pesa 70kg, beba aproximadamente 2,5 litros)
- Se não bebe álcool, não comece agora. Estudos recentes mostraram que o álcool reduz o volume geral do cérebro, mesmo com consumo leve a moderado.[2] Se bebe, beba com moderação. Aos homens, os médicos recomendam que só bebam até duas doses por dia (uma dose são 350ml de cerveja, 150ml de vinho ou 45ml – um copinho de cachaça – de bebida destilada); às mulheres, apenas uma dose.

A: ACRESCENTE MAIS ÁCIDOS GRAXOS ÔMEGA-3 DE FONTES ALIMENTARES

O impacto no cérebro dos ácidos graxos ômega-3 dos alimentos tem sido muito estudado, e uma profusão de evidências liga esses ácidos graxos a um cérebro saudável. A melhor maneira de consumir ômega-3 de maneira mais natural é incorporar à dieta mais dos alimentos listados a seguir. E atenção: ainda não há provas de que os suplementos funcionem da mesma maneira! Ponha alguns destes na lista de supermercado da semana:

- Nozes, amêndoas, avelãs, castanha-de-caju, castanha-do-pará, cruas e sem sal
- Sementes: gergelim, linhaça, cânhamo, abóbora, chia, girassol
- Azeitonas inteiras
- Abacate
- Azeite de oliva extravirgem. Os óleos de canola, amendoim e abacate são ricos em ômega-3, mas prefiro o azeite para cozinhar e temperar os pratos por ser rico em antioxidantes, gorduras monoinsaturadas saudáveis e compostos como os polifenóis, que são excelentes para o cérebro. Muitas marcas de azeite extravirgem têm uma variedade "reserva" que é mais rica e tem sabor mais robusto e complexo devido a um processo mais seletivo ao escolher as azeitonas usadas.
- Peixes gordos: salmão, truta, arenque, sardinha, anchova, atum, cavala, pirarucu, tucunaré e também ostra

Quando for comprar peixe, preste atenção na procedência. Evite peixes de águas poluídas ou de lugares onde o teor de mercúrio nos animais possa ser alto demais. O mercúrio é um metal pesado que pode prejudicar o cérebro e não é fácil de eliminar do organismo.

R: REDUZA AS PORÇÕES

Você pode controlar automaticamente suas porções ao preparar as refeições em casa, usando pratos menores e evitando repetir. Você sabe o que põe nas refeições que prepara e tem mais controle dos ingredientes e do tamanho das porções. Quando possível, evite fritar e prefira ferver, escaldar, cozinhar no vapor ou assar. Essa é outra razão para cozinhar mais em casa: você decide o método usado e não usa aqueles óleos, molhos e ingredientes misteriosos acrescentados aos pratos nos restaurantes. Quando comer fora, peça uma embalagem para viagem junto com seu prato. Quando a refeição chegar, avalie a porção adequada para comer no momento e já guarde o restante na embalagem.

Em *Mente afiada* não abordei meticulosamente o jejum, mas quero mostrar algumas pesquisas novas surgidas desde sua publicação. Parece que o próprio ato de restringir as calorias – definirei isso daqui a pouco – induz um estado metabólico alterado, que, de acordo com uma revisão de 2019, "otimiza a bioenergética, a plasticidade e a resiliência dos neurônios de maneira a contrabalançar uma ampla série de transtornos neurológicos".[3] Os autores chegam a afirmar categoricamente: "O jejum melhora a cognição, interrompe o declínio cognitivo ligado à idade, geralmente retarda a neurodegeneração, reduz os danos cerebrais e melhora a recuperação funcional depois de um derrame." Esses benefícios podem vir inteiramente de ingerir menos calorias, embora outro artigo indique que limitar as calorias cria picos de células-tronco benéficas para substituir as células incapazes de sobreviver ao jejum. Não acho que os dados tenham força suficiente para recomendar um ou outro tipo de jejum, mas em geral há quatro tipos ("jejum intermitente") a considerar:

1. Alimentação com restrição temporal (divisão 16/8 ou 14/10). Nessa opção, você tem janelas específicas de jejum e alimentação. Por exemplo, no protocolo 16/8, você só come numa janela de oito horas e jejua nas outras dezesseis.

2. Método das duas vezes por semana (5:2). Nessa fórmula, você come normalmente durante cinco dias da semana e, nos outros dois, reduz a ingestão de calorias a um quarto da necessidade diária. Para a maioria das mulheres, isso significa reduzir as calorias a cerca de 500 por dia; para os homens, cerca de 600. Não jejue em dias seguidos. Faça dias normais entre os dias de jejum. Por exemplo, você pode jejuar segunda e quinta.

3. Jejum em dias alternados. Esse método limita as calorias dia sim, dia não (mais uma vez, restritas a 500 calorias para mulheres e 600 para homens), com alimentação normal nos outros dias.

4. Jejum de 24 horas (ou método coma-pare-coma). Antes de tentar o jejum de 24 horas, o ideal é experimentar primeiro as outras opções e levar em conta qualquer condição metabólica que você tenha. Se for diabético, por exemplo, você precisará de orientação para fazer qualquer tipo de jejum.

Consulte o médico antes de experimentar qualquer protocolo de jejum intermitente. Não jejue se tiver histórico de problemas de glicemia, doenças cardíacas ou transtornos alimentares.

Ainda há muito debate sobre o jejum intermitente, com dados conflitantes e resultados diferentes para pessoas diferentes. O jejum intermitente pode afetar as pessoas de maneira inesperada. Portanto, se quiser experimentá-lo, vá aos poucos e anote os detalhes da experiência para documentar como se sente, como seus sinais da fome mudam e se você está ou não obtendo o que quer (por ex., emagrecimento). Ele não é para todo mundo. Mais uma vez, consulte o médico primeiro.

Eis como adotar o caminho do iniciante: comece restringindo o consumo de alimentos e bebidas calóricas às 19 horas (beber água não tem problema) e pule o café da manhã, atrasando a refeição matinal para as 11 horas. Ao aproveitar a abstinência noturna natural, praticamente não há esforço para chegar ao jejum. Cada hora além do jejum de 12 horas conduz a uma melhor saúde metabólica. Eu tento comer apenas enquanto o sol brilha – e esse é outro guia a seguir que ajuda a manter uma rotina natural de jejum noturno.

> O melhor de todos os remédios é repouso e jejum.
>
> – BENJAMIN FRANKLIN

P: PLANEJE

Não se deixe ficar faminto sem ter planejado um lanche ou uma refeição. Esta semana, mapeie todas as suas refeições (ver página seguinte). Vou lhe dar ideias a partir da página 93. Você pode escolher ou preencher suas lacunas com base nas diretrizes que expliquei.

1º DIA

Café da manhã: _____

Almoço: _____

Lanche: _____

Jantar: _____

Sobremesa: _____

2º DIA

Café da manhã: _____

Almoço: _____

Lanche: _____

Jantar: _____

Sobremesa: _____

3º DIA

Café da manhã: _____

Almoço: _____

Lanche: _____

Jantar: _____

Sobremesa: _____

4º DIA

Café da manhã: _____

Almoço: _____

Lanche: _____

Jantar: _____

Sobremesa: _____

5º DIA

Café da manhã: _____

Almoço: _____

Lanche: _____

Jantar: _____

Sobremesa: _____

6º DIA

Café da manhã: _____

Almoço: _____

Lanche: _____

Jantar: _____

Sobremesa: _____

7º DIA

Café da manhã: _____

Almoço: _____

Lanche: _____

Jantar: _____

Sobremesa: _____

IDEIAS PARA O CAFÉ DA MANHÃ

- Ovos (cozidos, moles, mexidos) com legumes coloridos (assados ou refogados no azeite) e torrada de pão integral com manteiga de amêndoas ou amendoim e fatias de abacate
- Iogurte grego puro (com lactobacilos vivos) ou aveia em flocos com frutas frescas, castanhas picadas ou sementes de linhaça e um fio de mel
- Torrada com abacate e ovos ou fatias de salmão defumado

Dica: Evite doces, rosquinhas, pãezinhos e cereais processados e adoçados.

IDEIAS PARA O ALMOÇO

- Salada verde com muitas cores (por ex., brócolis, pimentão, pepino, sementes de romã, fatias de morango, mirtilos, fatias de cebola roxa, tomates-cereja, aipo) e uma porção de proteína saudável, como frango, peru, salmão, atum ou tofu, coberta com sementes, castanhas, um fio de azeite extravirgem e vinagre balsâmico

- Sanduíche de peru assado, atum ou frango em pão integral ou de fermentação natural com salada verde (nada de batata chips) e uma porção de fruta
- Pão árabe ou tortilha com homus vegano, legumes e verduras e salada de frutas

Dica: Evite hambúrgueres, batata frita, *fast food* e rodízios.

IDEIAS PARA O LANCHE

- Fruta (por ex., banana, maçã, pera, uvas, ameixas, laranja, manga)
- Um punhado de mix de castanhas
- Legumes crus picados com guacamole, homus, tapenade, queijo cottage ou manteiga de amêndoas ou amendoim

Dica: Evite barras de cereais, batata chips, biscoitos e doces.

IDEIAS PARA O JANTAR

- Peixe, peru ou frango assado com legumes e arroz integral ou negro
- Legumes variados (como vagem, pimentão, brócolis, aspargos, couve-flor, repolho, cogumelos) refogados em azeite extravirgem com 100 a 150 gramas de frango grelhado, peixe de água fria ou bife de carne bovina, com acompanhamento opcional de arroz, quinoa ou cuscuz marroquino
- Ensopado de peru ou vegano com salada
- Prato de massa vegano ou com carne e salada

Dica: Evite pedir comida e refeições compradas prontas.

Receita simples de salada

Rúcula orgânica ou outras hortaliças + nozes + cubos de queijo minas + fatias de abacate + muito suco de limão + queijo parmesão ralado + fio de azeite extra-virgem reserva.

IDEIAS PARA SOBREMESA

- Alguns quadradinhos de chocolate meio amargo
- Frutas com canela
- Uma bola (não um pote!) de sorvete ou sorbet (há variedades sem laticínios)

Dica: Evite comer qualquer coisa duas a três horas antes de se deitar.

OUTRAS DICAS:

- Use vinagre, limão, ervas aromáticas e especiarias para dar sabor à comida sem aumentar o teor de sal.
- Coma frutas e legumes de cores diferentes. Os nutrientes e antioxidantes que dão cor aos pimentões verdes e aos morangos, por exemplo, são diferentes dos que colorem os pimentões vermelhos e os mirtilos.
- Vá à feira e compre alimentos frescos.
- Frutas e legumes congelados são ótimos para preparar as refeições, principalmente quando ajudam a evitar refeições industrializadas prontas.
- Preserve a saúde do seu intestino (veja a lista das 10 mais na próxima página).

10 maneiras de preservar a saúde do seu intestino

1. Siga o protocolo S.H.A.R.P. e comece cortando o açúcar e o sal (veja 10 ideias nas páginas 84 e 85).
2. Coma mais fibras na forma de frutas, legumes e verduras (a meta são 25 a 30g por dia); os astros são cebolinha, cebola, aspargos, espinafre, alcachofra, brócolis e outras verduras.
3. Alimente os micróbios do seu intestino com fontes de prebióticos: cereais integrais, maçã, banana, aspargos, castanhas, sementes, feijão, lentilha, grão-de-bico, cebolinha e raízes como tupinambo, raiz de chicória, alho e cebola. Os prebióticos são um tipo de fibra indigerível que serve de alimento para bactérias, leveduras e outros organismos que vivem no seu corpo e ajudam a preservar o microbioma intestinal.
4. Consuma mais alimentos fermentados (iogurte, kimchi, picles, kombucha, kefir). Esses alimentos sempre me dão mais pique físico e cognitivo (e não é coisa de minha cabeça; os estudos mostram que os alimentos fermentados mantêm nosso microbioma saudável – o que, por sua vez, tem efeito positivo no cérebro).
5. Reduza a ingestão de carne vermelha e, quando comer carne, compre os cortes mais magros e de melhor qualidade possível (orgânicos, criados no pasto).
6. Vá se mexer; o movimento auxilia a digestão e ajuda seu microbioma a ter a composição ideal.
7. Durma profundamente. Uma boa noite de sono também favorece o perfil ideal do microbioma.

> **8** Só use antibióticos quando necessário (nunca para resfriados). Eles não ajudam nas infecções virais e matam as bactérias boas junto das más. Tomar antibióticos demais destrói o microbioma saudável e permite a proliferação de algumas cepas de bactérias que não é bom ter em grande número no intestino.
> **9** Mantenha-se hidratado com água pura e filtrada.
> **10** Controle o nível de estresse e crie mais tempo para você!

PERSONALIZE SUA ALIMENTAÇÃO

Alguns anos atrás, fui a Kerala, na Índia, para aprender sobre a alimentação ayurvédica. Ela existe há milhares de anos e se baseia na ideia de uma dieta personalizada para equilibrar as várias energias do seu corpo. Nesse sistema alimentar, os indivíduos são classificados com base em seu "dosha" – seu tipo de corpo e personalidade.

> O corpo é o resultado da comida. Da mesma forma, a doença é o resultado da comida.
> A distinção entre saúde e doença se dá devido à alimentação saudável ou à falta dela, respectivamente.
>
> – CHARAKA, um dos sábios que deu grande contribuição à antiga arte e ciência da Ayurveda, nascida no século I d.C.
> É considerado um dos pais da medicina.

DOSHAS, OU TIPOS DE CORPO

Pitta dosha – fogo e água. Em geral, são pessoas com compleição física mediana e pavio curto. São aconselhadas a comer alimentos que refrescam e dão energia e a minimizar a ingestão de sementes, castanhas e especiarias.

Vata dosha – ar e espaço ou éter. Pessoas cheias de energia, com estrutura física esbelta e maior probabilidade de sentir fadiga ou ansiedade quando em desequilíbrio. A dieta exige alimentos mais quentes e terrosos. Disseram que me encaixo nesse tipo de corpo.

Kapha dosha – terra e água. Em geral, as pessoas desse tipo são naturalmente calmas, centradas, com compleição robusta, mas risco mais alto de depressão. Para elas, o foco são alimentos secos e leves.

Concordemos ou não com essa abordagem, fiquei impressionado com a motivação inicial por trás da alimentação ayurvédica. Embora a maior parte das culturas se concentre em servir primeiro ao paladar, a ayurvédica determina os aspectos funcionais dos alimentos e depois os ajusta ao tipo físico específico de cada um. Com isso em mente, acho que há certos alimentos ideais para a produtividade e determinadas coisas que deveríamos evitar. Uma forma de realmente descobrir o que funciona para você é fazer um diário alimentar. Você encontrará um modelo na página seguinte, mas procure uma forma que funcione com você, no papel ou no celular.

DIÁRIO ALIMENTAR

Data: _____

CAFÉ DA MANHÃ

ALMOÇO

JANTAR

LANCHE

HIDRATAÇÃO

OBSERVAÇÕES (gostei, não gostei, estado de espírito)

O quê? Nenhum suplemento?

Comer bem significa comer alimentos de verdade – não engolir suplementos.[4] Embora todos gostemos da ideia de um comprimido com todos os micronutrientes arrumadinhos numa dose só, essa abordagem não é efetiva nem possível. Aquele vidro com brócolis no rótulo não contém brócolis em comprimidos. Alguns suplementos podem até fazer mal. As evidências mostram que os micronutrientes, como as vitaminas e os sais minerais, trazem um benefício maior quando fazem parte de uma alimentação equilibrada, porque todos os outros componentes dos alimentos saudáveis permitem que os micronutrientes sejam bem absorvidos e funcionem melhor. É o chamado efeito *entourage* – ou comitiva.

Também é bom saber que o setor de suplementos praticamente não é regulamentado. Na situação atual, os fabricantes de suplementos não precisam testar seus produtos nos Estados Unidos para comprovar sua segurança e a eficácia. Embora haja fabricantes de suplementos de boa qualidade com um registro ético constante, é melhor só usar suplementos com recomendação médica. Não se pode suplementar uma má alimentação, e você deve obter todos os nutrientes de que precisa com comida de verdade.

Ao registrar o que come durante algumas semanas, concentre-se em como se sente meia hora depois, algumas horas depois e à noite, quando vai dormir. Preste muita atenção na relação entre o que você come e como sente a comida no decorrer do dia.

No meu caso, aprendi que alimentos fermentados como picles e kimchi são ótimos para aumentar minha produtividade e criatividade. Talvez seja porque estou nutrindo meu microbioma, e há uma conexão significativa entre o intestino e o cérebro. Seja o mais diligente possível com seu diário alimentar esta semana e tente continuar documentando sua alimentação (inclusive aquelas fugidinhas e os doces) durante todas as 12 semanas. Meu palpite é que, no fim delas, você terá uma nova noção do que funciona para você e para o seu corpo. Por isso é importante registrar sua experiência diariamente.

OBSERVAÇÕES DA 1ª SEMANA

O que achei útil: _____

_____

O que achei difícil: _____

_____

O que posso melhorar: _____

_____

Como estou me sentindo em até três palavras: _____

_____

Desafio adicional: Faça a Segunda sem Carne.

Se costuma comer sozinho, convide um amigo ou vizinho para preparar e dividir uma refeição com você. Isso pode forçá-lo a sair da sua zona de conforto, mas o objetivo é exatamente esse.

Dê a si mesmo um crédito extra se seu convidado for alguém novo, inesperado ou de uma cultura diferente da sua.

Veja se consegue fazer pelo menos uma refeição com a mão não dominante. Durante a pandemia, comecei a pintar com a mão não dominante. Parece que basta fazer isso por alguns minutos por dia para ativar meu cérebro.

2ª SEMANA

Mexa-se mais

O movimento é mágico. É um remédio gratuito disponível sempre que precisamos. E já está bem estabelecido o fato de que praticar exercícios promove uma melhora cognitiva. O movimento aumenta a capacidade cardíaca, pulmonar e sanguínea de transportar oxigênio, o que aumenta o número de vasos sanguíneos e sinapses, amplia o volume do cérebro e reduz a atrofia cerebral ligada à idade. O movimento também nutre as novas células nervosas e leva à produção de mais proteínas que ajudam esses neurônios a sobreviver e prosperar. Resultado: efeitos positivos nas áreas cerebrais ligadas ao pensamento e à solução de problemas. O oposto também é verdadeiro: a inatividade é uma doença em si. Os músculos da pessoa sedentária começam a atrofiar e alguns mecanismos de sinalização do corpo se desaceleram. As defesas perimetrais do organismo, que ajudam a combater infecções e células mutantes, não funcionam mais tão bem e deixam o corpo vulnerável a infecções e tumores. É como se ficar sentado mandasse ao cérebro a mensagem de que não vale mais a pena habitar esse corpo, que está próximo do fim da vida. Por outro lado, o movimento, principalmente as caminhadas vigorosas, avisa que você está vivo e quer permanecer assim.

Onde estou?

Última vez que elevei a frequência cardíaca e suei com movimento físico por mais de 20 minutos: _____

Atividades físicas de que gosto: _____
_____
_____

Número de flexões que consigo fazer sem parar para descansar: _____

(Nota: na boa forma física, a contagem mínima é 10. Tudo bem se você precisar fazê-las com o joelho no chão até aumentar sua força.)

Numa escala de 1 a 10, qual seria a minha nota nas seguintes atividades?

- Capacidade aeróbica (1 = baixa, 10 = alta): _____
- Força muscular (1 = baixa, 10 = alta): _____

Forma física em geral: _____

```
1                    5                    10
◄─────────────────────────────────────────►
```
(ruim / rato de sofá) (médio / espaço para melhorar) (atleta experiente)

A não ser que você já seja um "atleta experiente" que dá ao movimento frequente a mesma prioridade do banho diário, dedique esta semana a duas sessões de caminhada vigorosa pelo bairro todo dia, uma pela manhã, outra à noite, de no mínimo 20 minutos cada uma. Vários estudos demonstraram de forma definitiva que caminhar pelo menos meia hora por dia resulta em importantes benefícios físicos, cognitivos e emocionais. Isso além de qualquer outra forma de exercício formal que você já pratique se não tiver nota acima de 5 na escala anterior. Se mantém uma rotina regular e se sente bem com seu nível de forma física, tente experimentar algo diferente para surpreender seu corpo e usar novos músculos. Por exemplo, se você corre, vá nadar ou se inscreva em aulas de ciclismo ou de yoga vinyasa. Se jogava tênis quando novo, retome o jogo com amigos ou experimente um esporte parecido, como pádel ou beach tênis. Tente aumentar o exercício formal até o mínimo de meia hora por dia, pelo menos cinco dias por semana. O bom é elevar a frequência cardíaca até 50% acima da linha de base em repouso.

Também quero que você pratique musculação duas ou três vezes por semana, mas evite dias sucessivos, para os músculos terem tempo de se recuperar. Meus pais de 80 anos fazem treinamento de resistência regularmente. Quando começaram o regime, notei imediatamente a melhora na postura, na velocidade ao andar e no nível de energia. Você também pode comprar faixas elásticas ou halteres de 1kg, 2kg e 3kg – ou usar o peso do próprio corpo como resistência – e seguir um programa ou aulas (ao vivo ou gravadas) transmitidas pela internet. Hoje não há desculpa, porque a pandemia inspirou uma explosão de criadores on-line que não exigem que você vá à academia. É possível concluir uma sessão de treino tendo apenas seu corpo, uma garrafa d'água, uma toalha e bastante espaço para se mexer.

> **Com que rapidez você anda?**
>
> Surpresa: a velocidade ao caminhar permite prever a longevidade. Hoje é um fato científico que as pessoas que mantêm o ritmo ao envelhecer provavelmente sobreviverão às que desaceleram. E o aumento do risco de morte começa na meia-idade: de acordo com uma pesquisa realizada na Duke University, as pessoas que costumam andar mais devagar aos 45 anos demonstram sinais de envelhecimento acelerado prematuro, tanto físico quando cognitivo.[5] Mais especificamente, quem caminha a 3km/h (20 minutos por quilômetro) provavelmente viverá a expectativa média para sua idade e seu gênero, e quem anda a 2km/h (30 minutos por quilômetro) corre mais risco de mortalidade precoce. Conclusão: continue andando depressa à medida que envelhece! A velocidade ao andar é fácil de medir e um ótimo indicador de saúde ou, por outro lado, de declínio. Intensifique suas caminhadas com bastões ou varas de caminhada para envolver mais o core e a parte superior do corpo. O uso de bastões em terreno plano ou em descidas ajuda a tirar das extremidades inferiores parte da pressão e previne problemas nas articulações dos joelhos e tornozelos.

Para quem não se mexe há algum tempo, está na hora de começar. Inicie devagar e vá avançando para rotinas mais vigorosas. Se estava totalmente sedentário, comece com 5 a 10 minutos de exercícios de explosão (30 segundos de esforço máximo e 90 de recuperação) e chegue gradualmente a 20 minutos pelo menos três vezes por semana. Esse é o chamado HIIT (*high-*

-*intensity interval training*, ou treino intervalado de alta intensidade) e já se comprovou que traz vários benefícios à saúde, entre eles o aumento da capacidade cerebral (e a elevação do nível de BDNF para produzir novos neurônios).[6] Lembre-se: a atividade intensa prolongada libera cortisol, que pode atrapalhar o efeito do BDNF, mas períodos curtos com recuperação são muito eficazes. Você pode fazer isso de várias maneiras: caminhar ao ar livre e variar a velocidade e o nível de intensidade nas ladeiras; usar equipamento clássico de ginástica, como esteiras ergométricas e simulador de escada; pular corda; ou fazer aulas on-line e malhar no conforto do lar. No YouTube, por exemplo, há muitos vídeos gratuitos para acompanhar.

Para vencer as barreiras ao movimento regular, planeje como e quando você vai se exercitar. Pegue a agenda e marque nela suas atividades físicas. (Se prefere de manhã cedo, faça a caminhada matinal para o desaquecimento final; se a noite é sua melhor hora para movimentos mais vigorosos, use a caminhada noturna para desacelerar depois.) Misture as rotinas. Por exemplo, segunda, quarta e sexta, faça uma aula de exercícios aeróbicos on-line e, na terça e na quinta, yoga. Depois use o sábado para caminhar com amigos e descanse no domingo. A meta é fazer semanalmente atividades que deem conta das quatro categorias de exercícios a seguir: 1) aeróbica; 2) musculação; 3) flexibilidade; e 4) coordenação e equilíbrio. Use a página seguinte como seu modelo.

REGISTRO DE MOVIMENTO DIÁRIO			
Dia e hora	Atividades (aeróbica, musculação, flexibilidade, coordenação e equilíbrio)	Tempo total	Observações (sentimentos, gosto ou não gosto, ideias para atividades futuras)

Como mencionei, tento suar todo dia e busco fazer uma hora de movimento vigoroso, além do máximo de movimento natural possível no decorrer do dia. Minhas atividades preferidas são natação, ciclismo e corrida, e também incluo a musculação algumas vezes por semana. Sou pai de três meninas e tenho um emprego exigente, mas mesmo assim dou um jeito de encaixar essa rotina no meu dia. O comportamento humano dita que você utilizará o tempo que tiver para concluir uma tarefa, e as pessoas pensam no exercício como o primeiro compromisso a descartar quando ficam mais atarefadas e querem uma hora extra para outra atividade. Não faço isso; o exercício é sagrado na minha agenda. Onde quer que eu esteja no mundo, levo meus tênis de corrida, roupa de banho, óculos de natação e faixas elásticas. E, por recomendação do Dr. Dan Barrow, meu diretor de neurocirurgia, faço 100 flexões por dia.

Para mim, a conveniência é importantíssima. Torno o exercício acessível tendo determinadas ferramentas ao meu alcance. Por exemplo, guardo os pesos no quarto e tenho uma barra para flexões tanto na porta de casa quanto na do escritório. Aliás, as repetições na barra são ótimas para fortalecer os músculos das costas e o core. A princípio, são difíceis, mas você começa a sentir o resultado quase imediatamente. Em geral, as pessoas negligenciam a força da parte superior do corpo, ainda mais à medida que envelhecem, mas ela é importante para a postura, para a densidade óssea e para o metabolismo, e ajuda até mesmo a fortalecer os pulmões e evitar pneumonias, principalmente se você for internado ou ficar de cama. O ideal é ter movimento semanal suficiente para fazer um pouco de exercício em cada uma das quatro áreas:

- Aeróbica
- Musculação
- Flexibilidade
- Coordenação e equilíbrio

SOCIALIZE O MOVIMENTO

Não subestime o poder do ambiente em grupo para o movimento e o exercício. Transforme-os numa experiência social. Um recente estudo dinamarquês constatou que adultos que praticavam esportes em equipe viviam mais do que pessoas sedentárias.[7] Jogos como tênis e outros com raquete acrescentam mais anos à vida do que iniciativas solitárias como pedalar e correr.[8] Esportes que exigem vários jogadores trazem um bônus extra. Portanto, pense em:

- Convidar um amigo para se juntar a você em sua rotina de exercícios num dia desta semana.
- Participar de um grupo de caminhada ou corrida ou pedir a um colega que faça uma caminhada vigorosa com você na hora do almoço.
- Encontrar atividades locais para você e sua família, como caminhadas em grupo ou montanhismo, por exemplo.

NÃO TEM TEMPO DE SE MEXER?

Como eu disse desde o começo, acredito em movimento, não em exercício. Se tiver um dia sem tempo nenhum para exercícios formais, pense em encaixar mais minutos de atividade física no decorrer dele. A meta é andar, ficar em pé e mover o corpo o suficiente para contrabalançar o mal causado por passar a maior parte do dia sentado. Algumas ideias:

- Quando estiver com pouco tempo, decomponha sua rotina de exercícios e pense em maneiras de combinar seus movimentos com outras tarefas: por exemplo, fazer uma reunião com um colega caminhando ao ar livre ou assistir a seu programa favorito enquanto faz uma série de posturas de yoga no chão. Essa é uma forma de multitarefa benéfica; o cérebro consegue lidar com o movimento físico enquanto

pensa em outra coisa. Novas pesquisas indicam que três séries de 10 minutos de exercício trazem os mesmos benefícios à saúde de um único período de 30 minutos.
- Limite os minutos que passa sentado. Toda vez que estiver prestes a se sentar, pergunte a si mesmo: "Em vez disso, posso ficar em pé e me mexer?" Ande enquanto fala ao telefone, suba de escada, e não de elevador, e estacione a certa distância da entrada do prédio.
- Simplesmente, faça questão de se levantar de hora em hora e passar 5 minutos andando ou correndo no mesmo lugar; depois, faça alguns *burpees* (um movimento que começa com flexão de braço e termina com um pulo). Quanto mais se mexer durante o dia, mais seu corpo e seu cérebro se beneficiam.

Quanto é suficiente

De acordo com os Centros de Controle e Prevenção de Doenças dos Estados Unidos, 80% dos americanos não praticam exercício regular suficiente.[9] Só cerca de um quarto (23%) dos adultos atinge a quantidade de movimento recomendada. Esses requisitos são definidos como pelo menos 150 minutos de atividade física aeróbica de intensidade moderada, 75 minutos de atividade física de intensidade vigorosa, ou uma combinação equivalente, por semana. Para pessoas com 65 anos ou mais, os números são desoladores: menos de 40% das pessoas praticam pelo menos 150 minutos de atividade física por semana e 20% não praticam nenhum tipo de exercício formal.

OBSERVAÇÕES DA 2ª SEMANA

O que achei útil: _____

_____

O que achei difícil: _____

_____

O que posso melhorar: _____

_____

Como estou me sentindo em até três palavras: _____

_____

Desafio adicional: Crie sua própria *playlist* para motivar a preparação e a execução dos exercícios. Quando escolho as músicas que vou escutar para me exercitar, tenho algumas metas específicas. Quero um ritmo que ajude a guiar meus movimentos. A música precisa ser animada e até me distrair para afastar a mente do tanto que estou forçando o corpo. Finalmente, a música precisa ajudar o cérebro a processar a fadiga e me manter motivado.

Assim, escolho músicas com 120 a 140 batidas por minuto e com letra forte e afirmativa. Embora seja comum colocar canções conhecidas na minha *playlist* de exercícios, faço questão de não escutá-las fora dos treinos para não ficar insensível a elas.

A seguir dou uma amostra de músicas velhas e novas que me ajudam a me mexer:

MÚSICA PARA SANJAY SE MEXER

"Eye of the Tiger" (tema de *Rocky*), Survivor

"Extreme Ways", Moby

"Cold Heart", Elton John e Dua Lipa

"Blinding Lights", The Weeknd

"Shape of You", Ed Sheeran

"Stronger", Kelly Clarkson

"Human", The Killers

"I Will Wait", Mumford & Sons

"Just Like Fire", Pink

"Don't Start Now", Dua Lipa

"Midnight" (remix de Giorgio Moroder), Coldplay

"Diablo Rojo", Rodrigo y Gabriela

"I Gotta Feeling", Black Eyed Peas

"Put a Little Love in Your Heart", Al Green e Annie Lennox

"Modern Love", David Bowie

"On Top of the World", Imagine Dragons

"Wake Me Up", Avicii

"Raging" (com Kodaline), Kygo

"Jump", The Pointer Sisters

"Feel It Still", Portugal, The Man

"Style", Taylor Swift

"Fireball" (com John Ryan), Pitbull

"Best Friend", Sofi Tukker

"Woke Up in Bangkok", Deepend & YouNotUs

"About Damn Time", Lizzo

"Let's Get Loud", Jennifer Lopez

"Locked Out of Heaven", Bruno Mars

"Viva La Vida", Coldplay

"Love on the Weekend", John Mayer

"Home", Phillip Phillips

"Sanctuary", Cure

"Outtasite", Wilco

"Young Forever", Jay-Z

"Just Breathe", Pearl Jam

"Shotgun", George Ezra

"California Sun", Ramones

"Crazy in Love", Beyoncé

3ª SEMANA

Cultive o sono de beleza para o cérebro

Como você dormiu na semana passada? Na noite passada? Você se lembra de sonhar? Dormiu direto, sem acordar? Você usa um alarme para despertar? Mais uma vez, a maioria dos adultos precisa de sete a nove horas por noite. Suas horas de sono estão nessa faixa?

Sono é remédio. Subestimei o valor do sono por tempo demais e gostaria de poder recuperar todas aquelas horas – anos – que perdi. Agora, faço do sono uma de minhas principais prioridades, e está na hora de você fazer o mesmo com estas cinco regras da boa noite.

REGRA DA BOA NOITE Nº 1: MANTENHA O HORÁRIO

Vá se deitar à mesma hora todos os dias. Evite o "*jet lag* social", que acontece quando você dorme até mais tarde porque foi dormir tarde. Os padrões irregulares de sono são prejudiciais à saúde. Pela manhã, exponha os olhos à luz do sol, porque isso ajusta seu relógio biológico. Tudo em nossa biologia e na neurociência evolutiva deixa clara a importância fundamental das manhãs. Em poucas palavras, somos programados para acordar cedo e absorver o sol nascente. Não fique acordado depois da meia-noite. Observe o momento em que sentir sono e ajuste seus horários de acordo. A melhor hora de dormir é quando você sente mais sono antes da meia-noite. O sono não REM (movimentos rápidos dos olhos) tende a dominar o ciclo de sono na primeira parte da noite. Quando a aurora se aproxima, o sono REM rico em sonhos começa a assumir o controle. Embora os dois tipos sejam importantes e tragam benefícios distintos, o sono não REM de ondas lentas é mais profundo e reparador do que o sono REM. Observe que a hora ideal de dormir provavelmente mudará com a idade. Quanto mais velho, mais cedo você irá dormir e mais cedo acordará naturalmente, mas o total de horas de sono não deve mudar.

REGRA DA BOA NOITE Nº 2: EVITE COCHILOS LONGOS NO FIM DA TARDE

As evidências científicas ainda não são conclusivas em afirmar que os cochilos são benéficos para a saúde cerebral dos adultos. Alguns põem a mão no fogo na defesa de cochilos curtos e poderosos (cerca de 20 minutos), mas esse também pode ser um sinal de que você não está dormindo bem à noite e, em consequência, aumenta o risco de problemas diretamente ligados à saúde cerebral. Por exemplo, um grande estudo publicado em 2022 constatou que quem cochila com frequência tem probabilidade maior de ter hipertensão arterial e derrame.[10] Se gosta de cochilar, limite os cochilos a meia hora no início da tarde, digamos, antes das 15 horas. Cochilos mais longos mais tarde podem atrapalhar o sono noturno. Se estiver tentando aumentar a quantidade de horas de sono noturno para pelo menos sete horas, pule completamente o cochilo. Você não conseguirá dormir de sete a nove horas por noite de um dia para outro porque seu corpo levará tempo para se ajustar e se acostumar ao novo horário. Assim, seja paciente. Quando sentir sono durante o dia e não quiser cochilar, dê uma caminhada ao ar livre e mexa o corpo. Observe se algo que você comeu lhe deu sono ou se o corpo precisa de alimentação. Veja se está adequadamente hidratado e se o que sente não são os primeiros sinais da sede. Experimente um lanchinho – uma porção de fruta ou um punhado de castanhas – e depois saia para uma caminhada vigorosa.

Como aumentar naturalmente suas horas de sono

Se não estiver dormindo tempo suficiente, não espere consertar isso da noite para o dia (piada pronta). Faça ajustes em incrementos de 15 ou 30 minutos nas próximas semanas. Escolha que lado do ciclo alterar: a hora de dormir ou a de acordar. Para a maioria, é mais fácil ser flexível com a hora de dormir do que com a de acordar. Por alguns dias, recue em 15 minutos sua rotina da hora de se deitar; depois recue mais 15 minutos, até chegar a meia hora antes da hora de dormir original. Mantenha essa rotina por mais alguns dias, até se sentir pronto para recuar mais 15 minutos. Repita até conseguir sete a nove horas completas de sono.

REGRA DA BOA NOITE Nº 3: OBSERVE O QUE VOCÊ COME E BEBE NO FIM DO DIA

Evite cafeína depois do almoço (principalmente depois das 14 horas) e não coma nem beba duas a três horas antes de se deitar, para não se levantar para ir ao banheiro. Um jantar pesado atrapalha se você comer perto demais da hora de dormir.

REGRA DA BOA NOITE Nº 4: ATENÇÃO AOS REMÉDIOS

Os fármacos, que exijam ou não receita, podem conter ingredientes que afetam o sono. Por exemplo, muitos remédios para dor de cabeça contêm cafeína. Alguns remédios para resfriado contêm descongestionantes estimulantes (como a pseudoefedrina). Os efeitos colaterais de muitos medicamentos bastante usados, como antidepressivos, esteroides, betabloqueadores e medicações para doença de Parkinson, também afetam o sono. Tome cuidado com o que toma e, se os remédios forem mesmo necessários, veja com o médico se pode tomá-los mais cedo, quando terão menor impacto sobre o sono.

REGRA DA BOA NOITE Nº 5: COMPONHA O AMBIENTE

Deixe seu quarto fresco, escuro, silencioso e livre de dispositivos eletrônicos (não vá para a cama com o celular, a não ser que esteja numa configuração que não emita luz nem mande notificações!). A temperatura ideal para dormir é entre 16°C e 20°C. Pense numa máscara para dormir se não for possível escurecer o ambiente por completo. Experimente uma máquina de som ou um gerador de ruído branco para encobrir os barulhos da rua, se você mora em ambiente urbano. E deixe os animais de estimação fora do quarto, principalmente se atrapalham seu sono andando ou fazendo barulho à noite. Crie rituais para a hora de dormir. Tente reservar pelo menos 30 minutos a uma hora para relaxar e cumprir tarefas que ajudem o corpo a saber que a hora de se deitar está chegando. Desconecte-se de tarefas estimulantes (como trabalhar e usar o computador ou o celular) e dedique-se a atividades calmantes, como tomar um banho morno, ler, tomar chá de ervas ou ouvir música calma. Alongue-se ou faça algo relaxante. Calçar meias para aquecer os pés também ajuda a adormecer mais facilmente.

Mais uma vez, evite qualquer tela luminosa, principalmente as que emitem luz azul, que é um comprimento de onda que pode suprimir a liberação de melatonina, hormônio necessário para o sono. A luz azul atrapalha o sono e o ciclo de sono-vigília do organismo. É possível comprar filtros para as telas ou usar óculos especiais que bloqueiam os comprimentos de onda azuis, mas nada disso é tão eficaz quanto se pensava.[11] Não há provas que mostrem que as lentes ou filtros que bloqueiam a luz azul façam diferença. O ideal é evitar as telas uma hora antes de dormir e encontrar outras maneiras de relaxar que não envolvam uma tela ou um dispositivo digital.

REGISTRO DO SONO

	Atual	Meta
Hora de dormir	_____	_____
Tempo acordado	_____	_____
Horas de sono	_____	_____
Coisas que preciso mudar para chegar à meta	_____	

_____

_____

OBSERVAÇÕES DA 3ª SEMANA

O que achei útil: _____

_____

O que achei difícil: _____

_____

O que posso melhorar: _____

_____

Como estou me sentindo em até três palavras: ____

_____

A tecnologia ajuda a ter um "sono high tech"

Algumas pessoas adoram usar a tecnologia para ajudá-las a dormir melhor. O número de dispositivos e produtos que chegam ao mercado multibilionário de auxílio ao sono é fenomenal. De *smartwatches* de última geração e anéis que acompanham a qualidade e quantidade do sono a aplicativos que oferecem uma grande seleção de histórias e meditações para a hora de se deitar, o que não falta são produtos para dormir melhor. Dispositivos podem acompanhar seu sono à noite e lhe dizer se você dormiu bem e até mesmo quando chegou ao sono profundo e por quanto tempo ficou nele no decorrer dos ciclos. Também é possível

> descobrir o tempo que você leva para adormecer e ter um quadro em 360° da qualidade do seu sono. Assim, você pode usar os dados para melhorar algumas coisas no dia seguinte – a alimentação e a ingestão de cafeína, por exemplo, e o horário em que você se exercita –, para ver o que altera a sua experiência ao dormir. Essa tecnologia não é para todos, mas incentivo você a explorar o que pode dar certo e aceitar o desafio!

Desafio adicional: Se achar que tem algum transtorno que precisa de tratamento, marque um estudo do sono. Faça isso se tiver pelo menos três dos seguintes sintomas:

- dificuldade para adormecer ou para permanecer dormindo três vezes por semana durante pelo menos três meses;
- ronco frequente;
- sonolência diurna persistente;
- desconforto nas pernas antes de dormir;
- mexer-se enquanto sonha;
- rilhar os dentes;
- acordar com dor de cabeça ou nos maxilares.

Peça o encaminhamento ao médico. Muitos centros de medicina do sono têm condições de fazer o exame em sua casa e depois mandar os dados para análise. Se estiver preocupado com doenças como a apneia do sono, talvez seu plano de saúde cubra o procedimento. Muitos hospitais oferecem esse serviço.

4ª SEMANA

Encontre sua tribo

Imagine como seria a vida sem ninguém por perto. Sei que já deixei claro que você precisa se colocar em primeiro lugar neste programa, mas isso também significa se conectar com os outros e reforçar os laços que tem com as pessoas importantes de sua vida hoje e com os indivíduos que provavelmente entrarão em sua vida no futuro. Se ainda não tiver um círculo de amigos robusto e diversificado, abra espaço para expandi-lo. Muita gente perde o contato com os amigos ao longo dos anos e fica sem relacionamentos sociais fortes quando chega à meia-idade e à velhice. Principalmente quando os filhos já cresceram e foram morar sozinhos e quando pessoas que faziam parte da sua vida já faleceram.

Tendemos a subestimar o valor de fazer contato casual com as pessoas de nosso círculo social.[12] O mero ato de dizer "olá" e perguntar como a pessoa vai, seja num telefonema, num e-mail ou numa mensagem pode ter uma importância surpreendente. Em 2022, uma equipe de pesquisadores da Universidade de Pittsburgh fez uma série de experimentos que mostrou que realmente subestimamos quanto nossos amigos gostam de receber notícias nossas.[13] E os contatos mais significativos são os inesperados, com pessoas que não tinham recebido notícias recentes umas das outras. Em todos os experimentos, que envolveram quase 6 mil participantes, a pessoa que iniciava o contato subestimava de forma significativa quão apreciado seria seu gesto. O estudo incluía o contato entre indivíduos que consideravam a amizade fraca. Pequenos momentos de conexão são importantes, mesmo que exijam tempo e você não se sinta muito à vontade. Outras pesquisas mostram que interações sociais positivas estão ligadas a um senso de propósito em adultos mais velhos.[14] Esses achados dão ainda mais destaque à necessidade de se conectar com os outros diariamente para viver bem e se sentir o melhor possível. A amizade e a camaradagem são peças-chave da saúde pessoal, tanto quanto comer e dormir. E, numa época em que a solidão está cada vez maior na sociedade, cada um de nós precisa fazer sua parte para se manter conectado – e ajudar os outros a se conectarem também.

Certa vez conheci um homem de mais de 80 anos que tinha se aposentado havia muito tempo e ficara tão isolado pela idade e pela falta de mobilidade que não conseguia citar ninguém que pudesse convidar para jantar com ele em seu aniversário. Não tinha cônjuge, filhos nem parentes próximos e morava sozinho na grande casa onde passara a infância. Quando o conheci, ele queria se mudar para um lugar menor, mas não sabia por onde começar e não tinha a quem pedir ajuda. Senti nele tristeza e um arrependimento profundo por ter deixado a vida passar daquele jeito. Você ficaria surpreso em saber quantos indivíduos acabam numa situação assim. A falta de conexão social pode ser tão destrutiva para a cognição e o bem-estar geral quanto qualquer problema biológico.[15] Na verdade, num grande estudo de revisão que processou os números e compensou outras variáveis, o isolamento social correspondeu a um aumento de quase 30% da probabilidade de morte.[16] Vamos trabalhar com essas conexões e começaremos com alguns exercícios aqui nesta semana.

EXERCÍCIO 1

Liste algumas pessoas importantes em sua vida hoje, a quem você pode recorrer quando as coisas ficam difíceis. Tenho um irmão mais novo, Suneel, que sempre foi um de meus maiores confidentes depois de minha esposa. Identifique as pessoas desse tipo em sua vida e dê valor a elas. Cultive essas relações intencionalmente e perceba que elas precisam ser nutridas, assim como tudo que você valoriza na vida. No livro *Backable*, Suneel (sim, ele também é escritor!) escreve sobre os quatro tipos de pessoa em sua tribo nas quais você deveria pensar, os quatro Cs. Estas são apenas algumas orientações, mas ajudam a pensar em seus relacionamentos (e é claro que mais de uma pessoa pode se encaixar em cada categoria).

O **Colaborador** é quem ajuda você a expandir seus pensamentos e a treinar seu jeito de expressar suas ideias. Ele não vai concordar com tudo que você diz, mas seu feedback será construtivo. Quando está com um Colaborador, você sente que está numa *jam session* – cada um tem sua vez de solar e de dar a deixa ao outro.

Quem é seu Colaborador? _____

O **Chefe de torcida** é a pessoa que faz você se sentir confiante antes mesmo de entrar em campo. Os jogadores de hóquei aquecem o goleiro antes do jogo com lançamentos de treino que são fáceis de pegar. O objetivo, naqueles últimos minutos, é aumentar a confiança do goleiro, não sua habilidade.

Quem é seu Chefe de torcida? _____

O **Coach** ajuda a descobrir se suas ideias e pensamentos são certos para *você*. Lembre-se: só porque uma ideia é boa para o mundo exterior não significa que seja boa para você. Rebecca, minha mulher, é minha Coach.

Quem é seu Coach? _____

O **Cheddar** é o papel mais importante de seu círculo. (O nome vem de um personagem do filme *8 Mile: Rua das ilusões*, um dos amigos do Eminem que gosta de bancar o advogado do diabo.) Seu Cheddar é a pessoa que procura deliberadamente furos em suas ideias, é extremamente sincera e lhe dá sugestões que, às vezes, soam perturbadoras.

Quem é seu Cheddar? _____

Esses são os membros centrais de sua tribo: as pessoas que ficam a seu lado, aconteça o que acontecer, quando você comemora as grandes vitórias ou quando está mais vulnerável do que nunca. São os camaradas que você mantém, que não vão julgá-lo por pior que as coisas fiquem. Pense no que trazem à sua vida e anote esses detalhes:

_____

_____

_____

Enquanto faz esse exercício, você pode pensar em indivíduos que sugam você ou o derrubam emocionalmente. Pode pôr seus nomes aqui e se distanciar deles:

_____

_____

_____

Nem sempre podemos expulsar certas pessoas de nossa vida, mas com certeza podemos limitar o impacto que elas têm.

EXERCÍCIO 2

Escreva uma carta à pessoa que ocupa o posto de companheiro de confiança nº 1 na sua vida. Não precisa ser seu cônjuge. Escreva sobre a importância dessa pessoa para seu bem-estar e explique de que modo se sente grato pela contribuição que ela dá à sua saúde e à sua felicidade. Bônus: faça um convite para se encontrarem para um jantar ou fazer algo ao ar livre.

EXERCÍCIO 3

Olhe as fotografias com seus entes queridos ao longo dos anos e escolha pelo menos três que reflitam momentos de pura alegria e conexão. Imprima-as e cole-as aqui:

OBSERVAÇÕES DA 4ª SEMANA

O que achei útil: _____

_____

O que achei difícil: _____

_____

O que posso melhorar: _____

_____

Como estou me sentindo em até três palavras: _____

_____

Desafio adicional: Pense em alguém do passado com quem você perdeu o contato. Procure essa pessoa por e-mail, telefone ou mensagem. Encontre tempo para colocar a conversa em dia!

5ª SEMANA

Seja um estudante da vida

Com que frequência você lê livros e aprende tópicos fora de sua área profissional? Se for fã de não ficção, quando foi a última vez que devorou um romance que não conseguia largar? Já quis aprender outra língua? Fazer um curso de pintura, programação informática ou culinária? Participar de um grupo de escrita para terminar aquelas suas memórias? Saltar de paraquedas, mergulhar, pescar com vara ou em águas profundas, escalar uma montanha? Retomar um esporte que você praticava na juventude? Experimentar uma atividade totalmente nova que force seus limites?

Quando você é um "estudante" da vida, que recebe novas informações e estímulos, seu cérebro é forçado a responder e trabalhar de maneira a criar novas redes, fortalecer as antigas e criar novas lembranças. Também obriga você a prestar mais atenção, o que é fundamental para a saúde do cérebro. Na verdade, os problemas de memória podem ser o simples resultado da pouca capacidade de prestar atenção. E não há maneira melhor de trabalhar com essa habilidade do que mergulhar em algo diferente ou que reacenda um hábito há muito perdido. Até um hobby esquecido pode ser retomado e curtido como se você nunca o tivesse praticado. E os romances, aliás, podem ser excelentes jogos cerebrais por si sós, porque nos obrigam a lidar mentalmente com personagens e enredos complicados. Quando apresentam declínio cognitivo, é comum as pessoas abandonarem histórias ficcionais complexas porque podem ser difíceis demais de ler – de seguir e acompanhar o fio da história sem esforço. Ninguém acha que ler um bom livro força nossos limites cognitivos, mas a essência de ler e "digerir" uma narrativa é exatamente essa.

Agora está na hora de fazer acontecer. Não importa a atividade: tudo isso ajuda a manter a mente afiada. Não espero que você se matricule num novo curso agora mesmo ou salte de um avião amanhã, mas comece a examinar as possibilidades. Veja os cursos de educação de adultos da universidade próxima, ou talvez seu centro comunitário local tenha algum programa. De preferência, faça algo que o tire da sua zona de conforto. Se puder acrescentar um componente motor à atividade, como tocar um instrumento, pintar ou fazer cerâmica, melhor ainda. Comece se perguntando o seguinte:

Coisas que eu gostaria de experimentar:

_____

_____

Hobbies ou esportes da juventude que gostaria de retomar:

_____

_____

Livros que gostaria de ler (tanto de ficção quanto de não ficção):

_____

_____

Quando planejo alguma coisa, seja uma viagem, seja um jantar, pesquiso pessoas e lugares específicos. Penso nisso como uma forma de aprender com um propósito. Antes de uma viagem recente ao Japão, além de ler sobre os costumes do país e a gênese deles, também li vários romances de escritores japoneses, como Yasunari Kawabata, Ruth Ozeki e Haruki Murakami. Permitir-me aprender o máximo possível sobre um assunto específico para um evento próximo é uma boa fonte de nova sabedoria. Assim, com isso em mente, pense em povos e culturas sobre os quais você gostaria de saber mais e escreva como se tornar íntimo deles em termos pessoais:

_____

_____

_____

_____

OBSERVAÇÕES DA 5ª SEMANA

O que achei útil: _____

_____

O que achei difícil: _____

_____

O que posso melhorar: _____

_____

Como estou me sentindo em até três palavras: _____

_____

Desafio adicional: Compre hoje um livro que o ajude a aprender mais sobre algo que você não conheça. E monte um painel de visualização com as ideias que listou esta semana, com recortes de revistas e outras publicações que sirvam de deixas visuais. O painel de visualização ou "dos sonhos" é uma colagem de imagens e palavras que representam seus desejos, sonhos e metas. Você pode criá-lo num quadro de avisos ou dedicar uma parede da casa a exibir sua galeria. O objetivo dos painéis de visualização é motivar e inspirar você a dar os passos necessários para realizar seus objetivos na vida, principalmente os desafiadores ou difíceis de atingir.

6ª SEMANA

Ative os antídotos do estresse

Alguns anos atrás, trabalhei num documentário da HBO chamado *Uma nação estressada*. O filme se concentrava em entender as causas fundamentais do estresse de tantos americanos. Algo que realmente me marcou foi a ideia de que o estresse em si não é o inimigo. Na verdade, todos precisamos do estresse para sair da cama, estudar para uma prova, cumprir as obrigações do dia. O problema é o estresse crônico, o tipo que nunca acaba e que nos desgasta física e emocionalmente.

Tirei duas lições importantes desse documentário. Primeiro, uso os momentos de estresse para turbinar meu ânimo na hora de enfrentar os desafios. Em vez de ficar paralisado ou enfraquecido pelo estresse, agora percebo que posso catalisar meus pensamentos e aumentar minha energia. Em segundo lugar, rompo o ciclo do estresse persistente. Isso exige criar momentos reais e autênticos para dar um tempo dos estressores. Embora eu goste de música e exercícios e prefira me envolver o máximo possível com atividades aquáticas, o maior benefício vem quando desligo os dispositivos e deixo minha mente vagar livre e sem compromisso. Meus momentos mais felizes e menos estressantes foram simples espaços em branco na agenda que me permitiram ter uma sensação de controle por não me sentir pressionado nem sob os caprichos de um cronograma apertado demais. Quando ficamos calmos e serenos, sentimos naturalmente que estamos mais no controle da vida e do que está diante de nós. Isso me leva à pergunta: quanto controle você acha que tem sobre sua vida hoje? Encontre um número de 1 a 10:

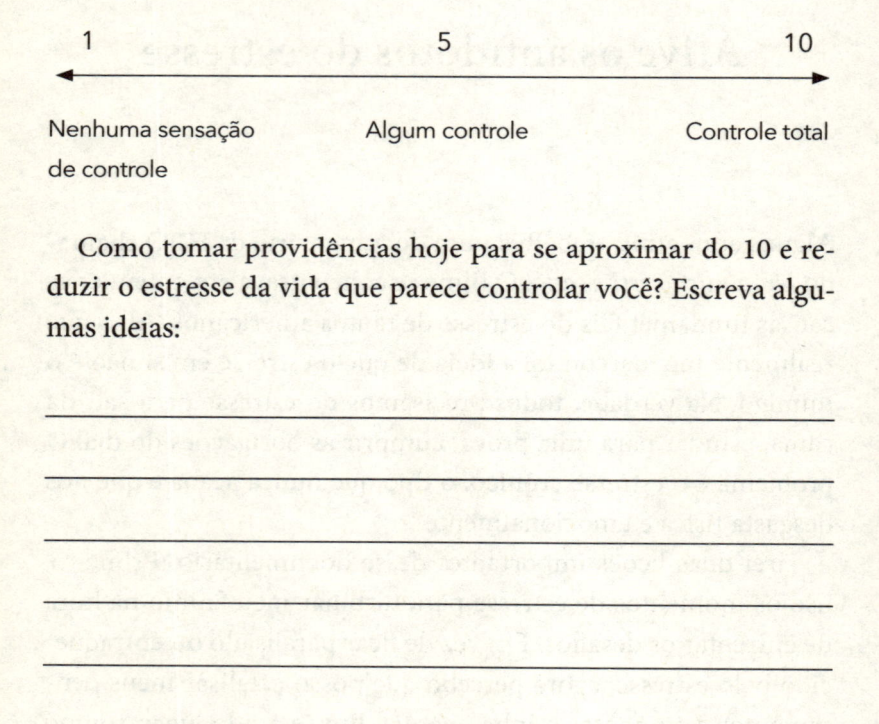

1   5   10

Nenhuma sensação   Algum controle   Controle total
de controle

Como tomar providências hoje para se aproximar do 10 e reduzir o estresse da vida que parece controlar você? Escreva algumas ideias:

_____

_____

_____

_____

_____

Agora vou lhe dar algumas ideias minhas:

MEDITAÇÃO

Alguns anos atrás, depois de passar algum tempo com o Dalai Lama no Mosteiro Drepung, em Mundgod, na Índia, adotei o hábito diário da meditação. Em vez de praticar as formas tradicionais de meditação que se baseiam na concentração num único objeto, em alguma frase, música ou na respiração, aprendi um tipo de meditação analítica no qual penso sobre um problema que estou tentando resolver e o coloco numa bolha transparente imaginária. Então, de olhos fechados, vejo o problema flutuar sem peso à minha frente e, enquanto ele sobe, observo-o se desemaranhar de outros apegos, inclusive as minhas emoções. Assim consigo trazer a lógica para a equação com mais facilidade e resolver o problema de forma sensata, sem distrações. Medito assim todos os dias desde 2017. Os dois primeiros minutos, quando crio minha bolha de pensamento e a deixo flutuar acima de mim, ainda são os mais difíceis. Depois disso, alcanço o que posso descrever como o suprassumo do estado de fluxo, em que 20 a 30 minutos se passam facilmente. Estou mais convencido do que nunca de que até o cético mais ardoroso terá sucesso com a meditação analítica.

Se ainda não medita, procure um tipo de meditação que combine com você. Hoje há muitos aplicativos para ajudá-lo a entrar num estado de relaxamento ou conduzi-lo por um exercício de meditação guiada. Experimente alguns esta semana e veja qual é o melhor para você. No entanto, eu o incentivo a ao menos praticar a respiração profunda duas vezes por dia. É provável que esse exercício de respiração profunda que dura só alguns minutos seja o tipo mais simples e viável de meditação que podemos colocar em prática em qualquer lugar. Você começa com ele e cria uma base para experimentar técnicas mais avançadas. Além de minha meditação analítica, faço diariamente exercícios de respiração profunda como um truque comportamental para baixar o volume do meu estresse. Você só precisa se sentar confortavelmente numa cadeira ou no chão, fechar os olhos e garantir que o corpo esteja relaxado, soltando toda a tensão do pescoço, dos braços, das pernas e das costas. Inspire pelo nariz da forma mais longa possível, sentindo o diafragma e o tórax subirem enquanto a barriga se move para fora. Inspire um pouco mais quando achar que chegou ao limite dos pulmões. Solte o ar devagar, contando até 20, forçando todo o ar a sair dos pulmões. Continue por pelo menos cinco rodadas de respirações profundas.

Quando pensamos no sistema nervoso simpático e parassimpático, os exercícios de respiração profunda fazem ainda mais sentido. Quando o sistema simpático é ativado, em geral nos sentimos estressados. É o nosso sistema de luta ou fuga. Um modo rápido de contrabalançar essa sensação é ativar o sistema parassimpático com algumas respirações profundas deliberadas. Parece quase fácil demais, mas em pouco tempo você consegue trazer mais equilíbrio ao corpo e ao cérebro. Se ao mesmo tempo você conseguir pensar em coisas pelas quais sente gratidão, melhor ainda (falarei mais sobre isso adiante). É quase impossível manter a toxicidade e a gratidão no cérebro ao mesmo tempo.

A meditação, em qualquer uma de suas formas, não é para todos, mas vejamos se você encontra pelo menos uma estratégia para reduzir o estresse que seja praticada uma vez por dia durante uns 15 minutos. Se não for meditação, talvez seja uma prece, tai-chi, imaginação guiada, relaxamento muscular progressivo, yoga restaurativo ou um diário. Para ter algumas ideias, responda às seguintes perguntas:

Sinto mais alegria e calma quando: _____

_____

Perco a noção da hora quando: _____

_____

Fico mais relaxado quando: _____

_____

Sinto-me mais atento, presente e em paz quando: _____

_____

Meus lugares felizes: _____

_____

TERAPIA DA NATUREZA

Uma das coisas que mais gosto de fazer é a caminhada vigorosa ao ar livre, na natureza, em que me esforço para assimilar o ambiente e prestar atenção no máximo de detalhes visuais que encontrar. Também assimilo os cheiros e os sons. Para mim, isso não é um exercício, é um *acontecimento*. Sou exposto aos ruídos da natureza e até a certas substâncias como os fitocidas (falarei mais sobre isso adiante), que me ajudam a superar obstáculos como o bloqueio da escrita. Não ouço música nem podcasts; fico totalmente mergulhado na Mãe Natureza. Ela tem poderes curativos.

    Os japoneses levam a terapia da natureza tão a sério que até lhe deram um nome: banho de floresta, ou *shinrin-yoku* – que significa estar na presença das árvores. O banho de floresta vem ficando popular ultimamente para reduzir a frequência cardíaca, a pressão arterial e a produção de hormônios do estresse. Embora ficar junto à natureza seja recomendado há bastante tempo para melhorar o bem-estar mental, agora sabemos exatamente por quê. Quando toma seu banho de natureza e inspira o "aroma da floresta", você também absorve substâncias chamadas fitocidas, que protegem as árvores de insetos e outros estressores. Como aprendemos na última década, esses fitocidas também nos protegem, aumentando nossas células imunológicas assassinas naturais e reduzindo os níveis de cortisol.

Não é preciso viajar até uma floresta distante; também dá certo se você cavar a terra do quintal ou se sentar num banco de um parque próximo. Algumas pesquisas descobriram que caminhar na natureza, e não em ambientes urbanos, ajuda as pessoas a controlar o estresse, acalmar a ruminação mental e regular as emoções. Alguns estudos constataram que os parques e espaços verdes das cidades grandes desempenham um papel na saúde mental de seus habitantes. Passo muito tempo em recintos fechados – e em salas de cirurgia sem janelas – e valorizo as ocasiões em que posso vagar e brincar ao ar livre e absorver os prazeres da natureza.

DIÁRIO DAS PREOCUPAÇÕES

Ao lado da cama, tenho um bloco de papel e uma de minhas canetas prediletas. Quando algo me incomoda, simplesmente anoto o que é e ponho um quadradinho ao lado para marcar quando o problema passar ou a tarefa for concluída. O simples ato de escrever a tarefa já alivia a demanda cognitiva de tentar recordá-la. Às vezes encontro soluções para abordar o problema em questão e as escrevo também. Experimente!

DIÁRIO DA GRATIDÃO

No outro lado da moeda da preocupação está a gratidão. Veja se consegue começar e terminar o dia pensando em coisas pelas quais você é grato. Pense em fazer um diário da gratidão. As pesquisas confirmam que a gratidão reduz a depressão e a ansiedade, diminui o estresse e aumenta a felicidade e a empatia. É difícil se zangar ou se angustiar ao praticar a gratidão. Minha prática ativa de gratidão é uma grande parte da folga que dou a meu cérebro. Ela atua como um botão cerebral de reiniciar e permite que as questões menos importantes (que são um dreno cerebral desproporcional) se dissolvam. Faço isso comigo e com a minha família todo dia que posso. Veja se consegue começar ou terminar o dia esta semana pensando em pelo menos três coisas pelas quais você é grato e faça o diário da gratidão no mesmo esquema abaixo nos próximos sete dias:

Liste três coisas pelas quais você sente gratidão hoje (Dia 1):

1. _____

2. _____

3. _____

Liste três coisas pelas quais você sente gratidão hoje (Dia 2):

1. _____

2. _____

3. _____

Liste três coisas pelas quais você sente gratidão hoje (Dia 3):

1. _____
2. _____
3. _____

Liste três coisas pelas quais você sente gratidão hoje (Dia 4):

1. _____
2. _____
3. _____

Liste três coisas pelas quais você sente gratidão hoje (Dia 5):

1. _____
2. _____
3. _____

Liste três coisas pelas quais você sente gratidão hoje (Dia 6):

1. _____
2. _____
3. _____

Liste três coisas pelas quais você sente gratidão hoje (Dia 7):

1. _____

2. _____

3. _____

ABORDE SEU DIA COMO UM CIRURGIÃO

Você se orgulha de ser multitarefa? Pois isso pode estar matando seu cérebro. Contrário às tentativas de administrar várias tarefas ao mesmo tempo, o cérebro não gosta disso (a não ser, como já observado, que uma dessas tarefas seja um movimento). É claro que você consegue andar e falar ao mesmo tempo que respira e digere seu almoço, mas o cérebro não consegue se concentrar na execução de duas atividades que exijam esforço consciente, pensamento, compreensão ou habilidade. Quando tenta fazer mais de uma coisa ao mesmo tempo com a sua mente, você reduz a velocidade do pensamento. Embora pareça que está sendo mais produtivo, tudo leva mais tempo para ser concluído. Quer que eu opere seu cérebro enquanto escrevo um e-mail e atendo ao telefone? O cérebro lida com as tarefas de modo sequencial, mas pode passar tão depressa a atenção de uma tarefa a outra que ficamos com a ilusão de que conseguimos realizar várias coisas ao mesmo tempo.

Se quiser fazer mais com menos esforço, procure trabalhar na chamada capacidade atencional: foque e se concentre em uma sequência – uma tarefa – de cada vez e evite distrações. Pode ser uma experiência surpreendentemente alegre, que vivencio sempre que estou na sala de cirurgia. Esse é um dos poucos lugares onde distrações não são permitidas. Você está de roupa cirúrgica, incapaz de olhar o celular, enquanto entra num estado totalmente concentrado na tarefa a cumprir. É como levar seu turbocérebro para uma estrada plana e vazia e deixá-lo chegar à velocidade máxima. Na maior parte do tempo, nosso cérebro fica preso em engarrafamentos, trabalhando muito sem chegar a lugar algum. Deixe seu cérebro se concentrar em uma coisa de cada vez. Além de fazer mais do que achava possível, você também atingirá um nível de felicidade que é difícil reproduzir. O cérebro adora o ritmo de trabalhar em sequência – e não em tudo ao mesmo tempo. Isso também ajuda a sanidade!

Para isso, veja se consegue tirar um item de sua lista de afazeres a cada dia desta semana:

Dia 1: _____

Dia 2: _____

Dia 3: _____

Dia 4: _____

Dia 5: _____

Dia 6: _____

Dia 7: _____

Se tiver dificuldade em encontrar pelo menos uma coisa, eis um modo de pensar no planejamento das tarefas diárias: identifique as bolinhas de gude e a areia, e planeje de acordo. Se você tiver um vidro para encher de bolinhas de gude e areia, o que colocará lá dentro primeiro? As bolinhas de gude. Depois a areia poderá preencher os espaços que sobraram. Essa é uma metáfora fundamental para planejar seu dia e maximizar seu tempo. Pense nas bolinhas de gude como os blocos importantes do dia (compromissos, projetos, tarefas essenciais como se exercitar e dormir) e na areia como o resto (olhar e-mails, retornar um telefonema, lidar com coisas não urgentes). Não fique preso na areia. Eis um exercício para ajudar:

Planeje reservar meia hora toda noite de domingo para a verificação semanal e faça a si mesmo esta poderosa pergunta: "Que metas preciso cumprir nos próximos sete dias para sentir que a semana foi um sucesso?" Liste aqui as 10 maiores bolas de gude de hoje e mantenha-as em mente:

1. _____
2. _____
3. _____
4. _____
5. _____
6. _____
7. _____
8. _____
9. _____
10. _____

Agora, pense no que poderia ser a areia que vai distraí-lo dessas bolas de gude importantes. Liste sua areia e pense em como reduzir essa carga:

_____

_____

_____

Entre na brincadeira

Embora as palavras cruzadas não sejam tão úteis quanto se pensa para preservar a função cerebral (e não espere que um jogo cerebral seja o salvador da saúde do cérebro que muitos consideram ser), isso não significa que resolvê-las e solucionar outros jogos de palavras e números como Termo e Sudoku não tenham seu valor. Em geral, esses quebra-cabeças têm a função de estimular o cérebro, melhorar a memória de trabalho e afiar a função mental. E também podem ser divertidos e reduzir o estresse. Os jogos cerebrais podem ser uma fuga dos rigores da vida cotidiana. Procure quebra-cabeças esta semana e escolha algum que o ajude a entrar num tipo de fluxo.

Você também pode jogar videogames, mas faça isso com outras pessoas e prefira jogos 3D quando possível. Já foi demonstrado que eles melhoram a memória e o planejamento. E não é preciso buscar jogos para adultos. Os videogames infantis podem ser envolventes e desafiadores, principalmente os mais complexos, rápidos, cheios de ação e que ficam mais difíceis conforme você joga. Portanto, entre na brincadeira![17]

MÚSICA

A música sempre foi uma parte importante da minha vida. Meus pais, que na época haviam imigrado recentemente, levaram para os Estados Unidos seu amor por Bollywood, e a maioria das músicas desses filmes tinha acordeão. Durante vários anos, fiz aulas de acordeão. Meus pais achavam que seria ótimo se o filho tocasse aquelas músicas algum dia, embora a maior parte do que aprendi fossem canções alemãs e polonesas tradicionais. Ainda assim, o amor à música nasceu. Na faculdade, cantei no coral e hoje tenho playlists para praticamente todas as ocasiões.

Recentemente tive uma longa conversa sobre música com o Dr. Charles Limb, amigo e colega neurocientista.[18] Ele vem estudando o cérebro de artistas de jazz e improvisação, e seus achados são extraordinários. Ele descobriu que, quando os músicos improvisam solos curtos no blues a cada quatro compassos, o cérebro se ilumina como se estivesse no meio de uma conversa muito visual. Mais importante ainda, algumas áreas do cérebro ficam inibidas, como o córtex pré-frontal dorsolateral. Essa parte do cérebro age como autocensor. Com menor atividade nele, o cérebro recorre mais à rede padrão, ou seja, fica mais livre para experimentar, sonhar e entrar no estado de fluxo (veja a 10ª Semana). Charles me disse que basta escutar esse tipo de música, com seus *riffs* improvisados, para melhorar sua criatividade. É por isso que minha música de "pensar" – música que gosto de ouvir quando estou me concentrando – tem muito jazz. Essa playlist é toda instrumental, e a maioria das músicas tende às 120 batidas por minuto. Experimente diversos tipos de jazz para ver qual bate fundo dentro de você e do seu cérebro. A não ser que seja músico, provavelmente você não vai ficar contando as batidas – permita que a batida fale com você e use qualquer música que o deixe num estado menos inibido e mais relaxado e criativo.

A seguir, há alguns artistas consumados que talvez você ache úteis para descontrair e entrar num estado mais relaxado; veja com quais você se identifica:

Louis Armstrong	Ella Fitzgerald
Chet Baker	Billie Holiday
Gary Burton	Diana Krall
Betty Carter	John LaPorta
John Coltrane	Pat Metheny
Harry Connick Jr.	Charles Mingus
Miles Davis	Thelonious Monk
Duke Ellington	Frank Sinatra
Bill Evans	Ben Webster

Não pense que é preciso tocar um instrumento ou saber ler partituras para se beneficiar. Quando moderei a reunião de 2020 do Conselho Global de Saúde do Cérebro, os achados sobre o poder da música sobre a saúde cerebral tinham acabado de ser divulgados.[19] E, como Charles me lembrou, a música contribui para nosso bem-estar. É um estímulo robusto para o cérebro e uma linguagem universal que transmite emoção. "Ela melhora nossa empatia", disse Charles. "Aumenta a nossa capacidade de não nos sentirmos sozinhos, e acho que pode nos curar de um jeito que seria muito bom para nosso planeta, tão fraturado neste momento."

E não subestime o poder de algo bobo e divertido como o karaokê. Meus pais adoram karaokê. A palavra significa "orquestra vazia" em japonês, mas há uma liberação de endorfinas e neurotransmissores do bem-estar quando você sobe lá e entoa uma canção conhecida, mesmo que não cante como um profissional. É um passatempo alegre e mais uma oportunidade de experiência social. Há um lado bom em desligar toda aquela parte de automonitoramento e inibição do cérebro e permitir que nossas defesas caiam.

> **Música para minha mente**
>
> Crie sua própria playlist aqui. Escreva as músicas que adora escutar quando está tentando se concentrar em algo importante para concluir uma tarefa intelectualmente exigente. Tente listar pelo menos dez músicas:
>
> _____
> _____
> _____
> _____
> _____
> _____
> _____
> _____
> _____
> _____

OBSERVAÇÕES DA 6ª SEMANA

O que achei útil: _____

_____

O que achei difícil: _____

_____

O que posso melhorar: _____

_____

Como estou me sentindo em até três palavras: _____

_____

Desafio adicional: Ignore os e-mails pela manhã (digamos, até as 10 horas). As manhãs são um tempo de ouro. Use-as para seu trabalho mais criativo e menos mecânico. Como superdesafio: dê uma pausa nas redes sociais esta semana. E, para coroar a semana, volte à página 134, onde você escreveu ideias para desestressar. Acrescente algumas coisas a essa lista:

_____

_____

_____

7ª SEMANA

Encontre seu estado de fluxo

Em algumas ocasiões todos nós já nos sentimos especialmente inspirados, imbatíveis, "iluminados". *Fluxo* – ou *flow* – é a palavra usada para descrever esse fenômeno, cunhada pelo falecido teórico social Mihaly Csikszentmihalyi. Significa estar num estado mental em que você fica plenamente mergulhado numa atividade, sem distrações nem agitação. Fica profundamente concentrado, com uma sensação de energia intensa, absorvido pela atividade. Não está necessariamente estressado; em vez disso, pode se sentir agradavelmente relaxado e, ao mesmo tempo, desafiado ou sob pressão. O conceito de fluxo foi reconhecido em muitas áreas, inclusive na terapia ocupacional, nas artes e nos esportes. Mihaly pode ter nos dado o termo popular dos tempos modernos, mas o conceito de fluxo existe há milhares de anos com outra roupagem, principalmente em algumas religiões orientais.

Qual é a relação entre estado de fluxo e saúde do cérebro? Não se pode entrar realmente no fluxo sem uma noção clara de propósito. E sabemos que ter um propósito – levar uma vida motivada por algum propósito – é essencial para manter o cérebro afiado. Com o propósito vêm a curiosidade, a exploração, a descoberta, os novos conhecimentos, os desafios inesperados

– todos elementos bem-vindos, que sabemos promover as redes e a funcionalidade geral do cérebro.[20] Lembre-se do estudo que citei na Parte 1: a noção de propósito está associada a uma redução de 19% da deficiência cognitiva clinicamente significativa. Não foi um estudo pequeno: envolveu 62.250 pessoas de três continentes com média de 60 anos. O mais surpreendente foi descobrir que a conexão entre saúde cerebral e propósito é ainda maior do que em relação a outros construtos, como otimismo e felicidade. A saúde física do cérebro agora e no futuro depende mais de uma vida cheia de significado do que da sua disposição mental geral ou do seu contentamento. Acredita-se que, quando vivemos com propósito, é mais provável nos envolvermos em outros comportamentos protetores, como levar uma vida social e fisicamente ativa. Também é mais provável que você busque outras atividades benéficas para o cérebro, como ser voluntário e praticar o altruísmo. E vamos ser francos: ter uma vida com propósito é gostoso. Portanto, entre na onda e procure seu fluxo esta semana.

Onde procurar? Você pode encontrá-lo no trabalho ou não. Encontrar seu estado de fluxo não tem que vir apenas do que você faz para viver. É possível encontrá-lo de várias maneiras, em diversas experiências, por razões profissionais ou puramente pessoais. Pense na última vez que entrou em fluxo. Como saber? Eis cinco pistas:

- Você perdeu a noção do tempo.
- Não teve que pensar demais para avançar numa iniciativa.
- Não foi interrompido por pensamentos não relacionados ao que estava fazendo.
- A tarefa em questão pareceu não exigir esforço.
- Você se sentiu plenamente presente no momento.

Então, o que estava fazendo? Quanto tempo se passou desde essa ocasião? Com quem você estava? O que descreve o ambiente onde estava?

Incentivo você a escrever essas experiências aqui. Elas podem inspirá-lo a encontrar novos caminhos para o estado de fluxo esta semana.

_____

_____

_____

_____

_____

_____

_____

_____

_____

_____

_____

_____

_____

_____

PROCURE SEU IKIGAI

Ikigai é uma palavra muito ouvida no Japão, principalmente em Okinawa, onde algumas populações têm taxas baixíssimas de demência. Numa tradução livre, significa algo como "sua razão de ser". Ikigai é uma antiga filosofia japonesa que é uma das bases da cultura do país. Alguns acreditam que é a principal razão para seu alto nível de felicidade e longevidade. Penso nela como o que me dá vontade de pular da cama pela manhã e me mantém animado o dia todo. Seria bom se todos definíssemos nossa ikigai, porque ela é um lembrete diário de nosso propósito aqui na Terra. Em geral, é usada para as pessoas definirem o que deveriam fazer da vida, ao destacar o que amam, em que são boas, pelo que podem ser pagas e de que o mundo precisa. Mas também pode ser usada, de forma mais geral, para resolver muitas equações da vida. A seguir, uma imagem popular que reflete o que é a ikigai:

Use o modelo em branco a seguir e escreva o que reflete sua ikigai.

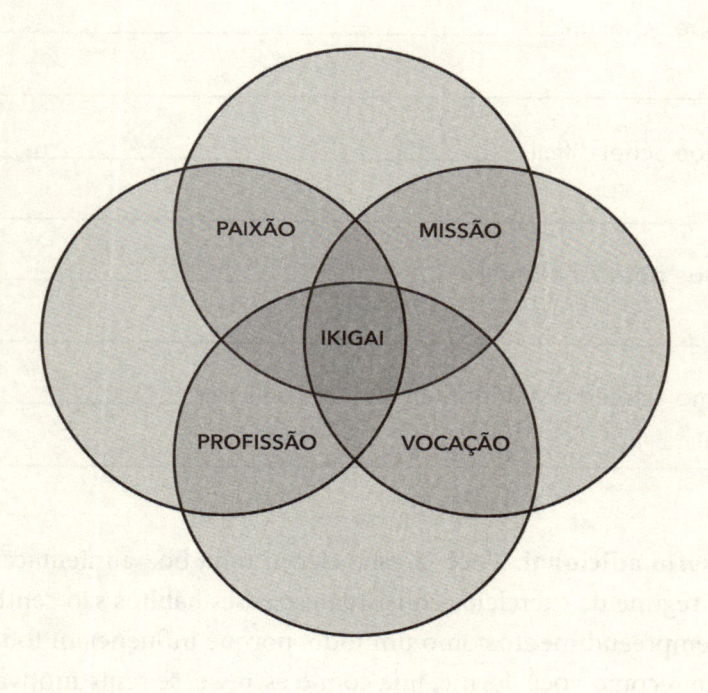

```
         PAIXÃO    MISSÃO
              IKIGAI
        PROFISSÃO  VOCAÇÃO
```

Quem tem um Porquê para viver é capaz
de suportar quase qualquer Como.

– FRIEDRICH NIETZSCHE

OBSERVAÇÕES DA 7ª SEMANA

O que achei útil: _____

_____

O que achei difícil: _____

_____

O que posso melhorar: _____

_____

Como estou me sentindo em até três palavras: _____

_____

Desafio adicional: Você já estabeleceu uma boa alimentação e um regime de exercícios consistentes? Esses hábitos são centrais no empreendimento como um todo, porque influenciam todo o resto – como você dorme, lida com o estresse, se sente motivado para explorar e se conecta com os outros. Verifique seu padrão diário de alimentação e sua forma física e veja se está fazendo jus às promessas que fez para si mesmo.

8ª SEMANA

Faça algo que tem medo de fazer (todo dia)

Como você já deve ter adivinhado, este é meu lema favorito: "Faça algo que tem medo de fazer (todo dia)." Atribuem uma versão dessa citação a Eleanor Roosevelt, e ela não estava se referindo a saltar de paraquedas ou a assistir a um filme de terror. Essa frase não pretende incentivar riscos excessivos, mas servir de lembrete para você sair da sua zona de conforto e fazer coisas que o deixem pouco à vontade e forcem seus limites. Já somos muito bons em fazer as coisas confortáveis, fáceis, conhecidas e previsíveis, e praticar continuamente esses hábitos tem seus méritos (quase metade de nossas ações são habituais). Mas, assim como surpreendemos deliciosamente o corpo com novos movimentos e rotinas, deveríamos fazer o mesmo com o cérebro. A ciência mostra por que nos envolvermos (com segurança) em algo que temos medo de fazer ajuda o cérebro, pois recorre a diferentes áreas da rede neuronal e pode até promover a liberação de hormônios do bem-estar.

Sei que já refutei o antigo mito de que só usamos 10% do cérebro, mas o que está mais perto da verdade é que a maioria das pessoas provavelmente só emprega 10% do cérebro 90%

do tempo! Pense assim: usamos o cérebro do jeito que vivemos durante a Covid – quase sempre em casa, com algumas idas ao supermercado, à escola e à farmácia. O cérebro é capaz de ficar no piloto automático a maior parte do tempo e evitar coisas novas ou desafiadoras – a não ser que nos forcemos a isso. Quando começa a se concentrar em novas atividades fora dos seus padrões típicos e a abraçar desafios que sabe que serão bons, você tem a oportunidade de usar partes diferentes do cérebro e de talvez criar novos neurônios no processo. Um estudo recente de Oxford e Cambridge revela que a experimentação forçada traz benefícios, mas todos temos uma relutância natural a experimentar coisas novas.[21] Se você pensar bem, é uma pena, porque, em muitos casos, o risco de experimentar algo novo é relativamente pequeno e a recompensa pode ser enorme.

E veja só: o Dr. Earl K. Miller, professor e pesquisador de neurociência do MIT, que estuda como adotamos comportamentos voltados a metas usando processos mentais e capacidades cognitivas complexas, ensina que, quando começamos a fazer as coisas que nos assustam ou nos deixam nervosos, o medo desaparece.[22] Pergunte a qualquer pessoa que esteja à beira da morte do que mais se arrepende e ela lhe dirá que não é de algo que fez, mas do que não fez! Portanto, corra o risco. Às vezes os melhores momentos da vida acontecem quando fazemos as coisas que mais nos assustam. Mesmo que no começo você tropece ou fracasse redondamente, esse pode ser o passo inicial para o sucesso.

Esta semana, todos os dias, quero que você faça alguma coisa fora do que costuma fazer ou da sua zona de conforto, desde que seja seguro e não diminua sua qualidade de vida. A seguir estão algumas ideias e espaço para você documentar seus momentos "assustadores" nas páginas 157-159:

- Falar com um desconhecido
- Evitar todas as redes sociais
- Escrever uma carta a você mais novo
- Escrever uma carta a você mais velho
- Preparar uma receita nova
- Ligar para um amigo do qual você se afastou
- Fazer um caminho diferente para chegar ao trabalho
- Doar seu tempo como voluntário a alguma entidade local
- Recusar um convite ou pedido que minará sua energia
- Matricular-se numa aula de improvisação
- Ir a um museu
- Começar um clube do livro
- Comprar numa loja ou supermercado novo
- Adotar um cachorro
- Sentar-se à beira de um lago ou à beira-mar por uma hora para ler um livro
- Receber uma massagem
- Plantar um jardim
- Escrever a primeira página de suas memórias
- Planejar férias num local exótico
- Procurar um emprego novo
- Contratar um estagiário para orientar
- Perdoar alguém que lhe fez mal
- Terminar um relacionamento ruim
- Reformar um cômodo
- Passar a noite num bom hotel próximo de casa
- Arrumar o armário ou a garagem
- Permitir-se sonhar acordado
- Experimentar um livro de colorir para adultos
- Velejar, pescar ou experimentar algum esporte aquático
- Explorar uma cidade ou área nova não muito longe de casa
- Mudar sua assinatura
- Se fuma, começar um programa para largar o cigarro
- Mudar-se para outra cidade (pelo menos pensar nisso)

O poder do perdão

Se não conseguir pensar em nada profundo, vou lhe sugerir um dos que citei anteriormente. Perdoe alguém que lhe fez mal. Já foi demonstrado que o perdão é um poderoso promotor da saúde mental e física, capaz de reduzir a ansiedade, a depressão e a prevalência dos principais transtornos psiquiátricos.[23] Outros benefícios incluem redução do uso de drogas, maior autoestima e satisfação na vida – tudo isso é bom para um cérebro feliz. De acordo com uma pesquisa do Fetzer Institute, entidade sem fins lucrativos, 62% dos americanos adultos dizem que gostariam de receber mais perdão dos outros em sua vida pessoal (e esse número aumentava para 83% na comunidade, 90% nos Estados Unidos e 90% no mundo).[24] Não há nada saudável em guardar rancor, sufocar a raiva e remoer emoções e pensamentos negativos. Tudo bem, perdoar os outros é mesmo difícil. Mas as coisas difíceis importam. Aprenda a deixar pra lá. Veja se consegue encontrar alguém para perdoar e faça com que isso aconteça esta semana. E tente praticar pequenos atos de perdão apenas deixando pra lá as transgressões dos outros que o incomodam e provavelmente elevam sua pressão. Por exemplo, quando alguém for grosseiro ou lhe der uma fechada no trânsito, perdoe a pessoa na hora, em silêncio, dentro da sua cabeça, e siga em frente. Afinal de contas, às vezes levamos as coisas muito para o lado pessoal e reagimos com exagero, para nosso próprio prejuízo. Liberte-se dessas reações desnecessárias.

Momento assustador do dia 1: _____

Momento assustador do dia 2: _____

Momento assustador do dia 3: _____

Momento assustador do dia 4: _____

Momento assustador do dia 5: _____

Momento assustador do dia 6: _____

Momento assustador do dia 7: _____

Mais uma ideia a considerar nessa linha de coisas que "dão medo": uma vez por semana, vou me aprontar de manhã – tomar banho, fazer a barba, escovar os dentes, me vestir (com gravata) – de olhos fechados. Sei que parece maluquice, mas você deveria experimentar! Isso nos força a usar todos os outros sentidos e também a criar uma forte visualização no cérebro com base na lembrança de onde estão as suas roupas e na recordação dos movimentos que faz ao se vestir.

OBSERVAÇÕES DA 8ª SEMANA

O que achei útil: _____
_____

O que achei difícil: _____
_____

O que posso melhorar: _____
_____

Como estou me sentindo em até três palavras: _____
_____

Desafio adicional: Escolha um de seus momentos assustadores e escreva sobre ele aqui:

_____
_____
_____
_____
_____
_____
_____

Como você se sentiu? Quais foram as circunstâncias? O que aprendeu e como isso o surpreendeu? Como isso o motivou a pensar em outras maneiras de criar mais "momentos assustadores"?

_____
_____
_____
_____

9ª SEMANA

Tome notas, resolva e revise

O que está funcionando bem para você neste programa até agora? O que não está? A seguir, você terá a oportunidade de registrar as ferramentas favoritas que usou até aqui, além de considerar os pontos fracos que faltam se adequar completamente aos seis pilares. Mas antes é importante reconhecer que todos passamos por fases na vida que trazem desafios diferentes. A cada ano e década que passa, surgem transições marcadas por acontecimentos como o nascimento dos filhos, a morte de entes queridos, mudanças de relacionamento, alteração dos meios financeiros, aposentadoria, acidentes, doenças, talvez a perda de alguma independência, como a capacidade de dirigir. Quem consegue se adaptar às circunstâncias e experiências que alteram a vida tem uma probabilidade maior de manter o bem-estar mental. Tristeza ou estresse persistentes não são reações normais a essas transições e trazem o risco de deficiência cognitiva. É importante fazer o possível para acompanhar seu bem-estar mental e fortalecer continuamente a sua resiliência. Use as notas a seguir para registrar seus sentimentos e ver se consegue ajustar certas coisas na vida e nos seus hábitos para abordar seus problemas.

Meus três maiores estressores são: _____

_____

Eu me preocupo mais com (o que não me deixa dormir à noite):

_____

Uma coisa que posso fazer esta semana para aliviar minha ansiedade é: _____

_____

Minha vida seria mais alegre e gratificante se: _____

_____

Uma coisa que quero fazer antes de morrer e logo: _____

_____

Na 6ª semana falei da necessidade de ser mais como um cirurgião em seu dia e se concentrar em uma tarefa de cada vez. Uma parte dessa importante lição é aprender a dizer "não" com mais frequência e não ceder à pressão de ser e fazer tudo. Isso não é bom para o cérebro. Como um colega me lembrou, "não" pode ser uma frase completa. No entanto, o desafio é dizer "não" *sem se desculpar nem dar justificativas*. Você não é obrigado a sempre explicar por que diz "não" a alguma coisa. Não se preocupe: ainda dá para ser gentil ao falar. Eis a seguir algumas ideias. Marque as que consegue decorar para a próxima vez que precisar.

- Não, para mim não dá.
- Não estou em condições de assumir esse compromisso agora.
- Obrigado pelo convite, mas tenho outros planos.
- Obrigado por pensar em mim, mas preciso recusar.
- Talvez em outra ocasião. Por enquanto, a resposta é não.
- Agradeço a oferta, mas infelizmente não estou disponível.

E, se simplesmente precisar de uma pausa, diga algo como:

- Mais tarde falamos sobre isso.
- Preciso de tempo para pensar. Mais tarde entro em contato.
- Ah, parece ótimo, mas por enquanto não vai dar, obrigado.

Dizer "não" faz mais do que liberar você para fazer as coisas que quer. Cria confiança, alivia o estresse, diminui a ansiedade e dá ao cérebro mais espaço para crescer e ser criativo. A negativa remove a bagunça da psique e estabelece o tipo de limite de que você precisa para cuidar de *si*.

Por falar em cuidar, agora quero que você volte e veja quais áreas na sua vida estão funcionando bem e quais continuam a sabotar sua missão de otimizar seu cérebro em todos os seis pilares.

ALIMENTAÇÃO

Alimentos favoritos: _____

_____

Pontos fracos: _____

MOVIMENTO (NÃO APENAS "EXERCÍCIO")

Treinos favoritos: _____

Pontos fracos: _____

REPOUSO (EM VIGÍLIA)

Práticas favoritas de relaxamento: _____

_____

Pontos fracos: _____

SONO REPARADOR

Ritual favorito na hora de dormir: _____

_____

Pontos fracos: _____

DESCOBERTA

Novo hobby favorito: _____

_____

Pontos fracos: _____

CONEXÃO

Pessoas favoritas para lhe fazer companhia: _____

_____

Pontos fracos: _____

Sincronize o ritmo circadiano

Se, apesar de todo o esforço, você não sentir que seu corpo está retribuindo o seu amor, pode ser que seu ritmo circadiano esteja desequilibrado. O Dr. Satchin Panda, cientista e pesquisador respeitado do Instituto Salk de Estudos Biológicos, sabe algumas coisas sobre honrar o relógio fisiológico do corpo. Ele é um defensor aguerrido de sincronizar os hábitos com nosso ritmo circadiano pessoal. Cada um de nós tem seu ritmo circadiano, que inclui o ciclo de sono e vigília, o aumento e a redução dos hormônios e as flutuações da temperatura corporal relacionadas ao dia solar. As células do corpo sabem que horas são, por assim dizer, e cada célula de cada órgão tem seu "cronograma", inclusive as do cérebro. E esse relógio especial do corpo é controlado por uma área do hipotálamo do cérebro chamada núcleo supraquiasmático; ele é seu relojoeiro.

O ritmo circadiano se repete mais ou menos a cada 24 horas, mas, se não for adequadamente sincronizado com o dia solar, você não vai se sentir 100% (sim, essa é a principal causa do *jet lag*). Além disso, o descompasso aumenta o risco de muitas doenças, das metabólicas às cardíacas, à demência e ao câncer. Embora seu ritmo gire principalmente em torno dos hábitos de sono, os outros hábitos, como o que e quando você come e quando se mexe, também o influenciam. O ritmo saudável direciona os padrões normais de secreção hormonal e enzimática – os associados aos sinais de fome e à digestão, ao estresse, à recuperação celular e até às substâncias químicas do cérebro.

Todas as estratégias deste caderno de atividades foram pensadas para ajudar você a reajustar e calibrar seu ritmo imperfeito, mas, se não estiver sentindo o amor até esta semana, seria bom atuar de forma mais agressiva e usar algum aplicativo que o ajude a acompanhar melhor seu sono. Há muitos disponíveis hoje para personalizar seus hábitos e ajustar tudo para deixar o ritmo na melhor forma e obter o máximo desempenho do organismo. Experimente alguns.

Embora todos tenhamos padrões definidos em comum – maior eficiência cardiovascular e força muscular, por exemplo, acontecem no fim da tarde –, observe que o ritmo de cada um é um pouco diferente e reage de maneira própria aos hábitos cotidianos. Para alguns, exercícios rigorosos no fim do dia atrapalham a boa noite de sono, mas para outros o suor no fim do dia permite dormir melhor. Conheça seu código circadiano pessoal e aproveite o "poder do quando" para fazer as coisas que precisa fazer. Isso vai ajudá-lo a otimizar toda a sua biologia – seu cérebro, sua glicemia e seu equilíbrio. O tempo é tudo! Respeite seu relógio.

> O corpo humano é capaz de ter pensamentos, tocar piano, matar micróbios, remover toxinas e fazer um bebê, tudo ao mesmo tempo. Enquanto isso, os ritmos biológicos refletem, na verdade, a sinfonia do Universo, porque temos ritmos circadianos, ritmos sazonais, ritmos de maré que refletem tudo que acontece no Universo inteiro.
>
> – MICHIO KAKU, Físico teórico

CONTROLE SEUS NÚMEROS

Como descrito na Parte 1, a prevenção e até a desaceleração do avanço de uma doença degenerativa recorrerão cada vez mais à medicina de precisão, capaz de ajustar a terapia à fisiologia exclusiva de cada um. Chegará um dia, por exemplo, em que você poderá acompanhar biomarcadores de neurodegeneração no sangue e usar terapias digitais para vigiar o risco de problemas futuros usando um software no celular. Até termos esse tipo de tecnologia, é importante ficarmos atentos aos "sinais vitais" importantes da saúde geral, e muitos deles influenciam o risco de disfunção e doença cerebrais. Com esse fim, pergunto: você está com os exames de sangue, câncer e checkup clínico geral em dia? Se não estiver, marque uma consulta e priorize sua saúde esta semana. Se tiver alguma preocupação com sua capacidade cognitiva, fale com seu médico. Os dados dos Centros de Controle de Doenças dos Estados Unidos indicam que quase 13% dos americanos relataram piora da confusão ou da memória depois dos 60 anos, mas a maioria – 81%, no total – não procurou um profissional de saúde para falar dos problemas cognitivos. A seguir há uma lista de métricas das quais você deve estar a par para tratar qualquer sinal de anormalidade:

- Pressão arterial
- Colesterol em jejum e marcadores de inflamação (por exemplo, proteína C-reativa)
- Glicemia em jejum e exames de diabetes (como A1C)

Não se esqueça de manter em dia a vacinação, a saúde ocular, a saúde da pele e a saúde dental (ver o Desafio Adicional).

Cuide também da audição. De acordo com o relatório de 2020 da comissão da revista *Lancet* sobre prevenção, intervenção e tratamento da demência que já mencionei, hoje a perda de audição é considerada um dos principais fatores de risco. A pesquisa da Johns Hopkins constata que a deficiência auditiva leve dobra o risco de demência; a moderada, triplica; e, na deficiência auditiva grave, a probabilidade de desenvolver demência é cinco vezes maior.[25] As razões dessa conexão são multidimensionais: a perda auditiva acelera a atrofia do cérebro e contribui para o isolamento social, que se traduz numa taxa mais rápida de declínio cognitivo. Quase 27 milhões de americanos com mais de 50 anos têm perda auditiva, mas só um em cada sete usa aparelho. Se você acha que sua audição piorou, vale a pena marcar um exame com o audiólogo. O bom é que há soluções práticas, desde os aparelhos auditivos imperceptíveis (muitos disponíveis hoje a baixo custo) até os implantes cocleares que resgatam a audição e salvam o cérebro. Não se demore.

Escute seu corpo

Seu corpo é diferente a cada dia. Por mais saudável e em melhor forma que esteja, haverá ocasiões em que você se sentirá mal. Até a funcionalidade e o estado geral do organismo mudam de hora em hora. O perfil do microbioma será diferente à tarde, dependendo do que você comeu pela manhã. Às vezes não consigo correr o último quilômetro ou dar mais uma volta na piscina em minha rotina de exercícios. Outras vezes, quando me sinto ótimo, corro facilmente mais um quilômetro ou dou mais uma volta sem nenhum problema. Não se castigue nos dias em que precisar ir com calma. Escute seu corpo; ele lhe dirá de que precisa.

OBSERVAÇÕES DA 9ª SEMANA

O que achei útil: _____

_____

O que achei difícil: _____

_____

O que posso melhorar: _____

_____

Como estou me sentindo em até três palavras: _____

_____

Desafio adicional: Passe fio dental duas vezes por dia esta semana, se você ainda não mantém uma prática diária. A saúde dental está muito mais ligada à saúde cerebral do que se pode imaginar. Quando conversei com o Dr. Gary Small, psiquiatra e especialista em envelhecimento de renome internacional, ex-diretor e fundador da Clínica de Longevidade da UCLA e hoje diretor de psiquiatria no Centro Médico da Universidade Hackensack, em Nova Jersey, ele reforçou a importância de limpar os detritos entre os dentes. Passar fio dental e escovar os dentes duas vezes por dia remove os restos de comida e o acúmulo de bactérias que podem provocar gengivite e aumentam o risco de AVC. A conexão com o cérebro? A gengivite envolve inflamação. A periodontite é uma infecção da gengiva, do tecido mole na base dos dentes e do osso que a sustenta. Quando a barreira natural entre o dente e a gengiva se reduz, as bactérias da infecção conseguem entrar na corrente sanguínea. Essas bactérias podem aumentar o acúmulo de placas nas artérias e chegar a causar coágulos. Portanto, o uso do fio dental é um bom hábito para o cérebro.

Nota especial para os pacientes com Covid longa

Não falei da Covid-19 em *Mente afiada* porque a pandemia começou depois que o livro já tinha sido publicado. Mas todos sabemos que a infecção fez milhões de sobreviventes sofrerem consequências a curto e longo prazo, muitas das quais os cientistas ainda tentam entender. Sintomas persistentes, como a confusão cerebral, não são exclusivos da Covid. São documentados na literatura médica desde 1889, ligados à gripe. Hoje as pessoas que foram infectadas por outros micróbios, como os que causam a doença de Lyme ou a mononucleose, também podem ter efeitos persistentes que envolvem muitos sistemas do corpo, como o nervoso e o imunológico. E esses efeitos podem definir a vida de uma pessoa.

Estão surgindo programas de recuperação de longo prazo nos Estados Unidos, em lugares como o Hospital Monte Sinai de Nova York, onde foi criada uma clínica pós-Covid. Quando criou o Survivor Corps no segundo trimestre de 2020 para mobilizar e obter dados e ferramentas de pesquisa para médicos e pacientes, Diana Berrent não esperava que ele crescesse tão depressa. Mas essa é a prova da gravidade do problema e da necessidade crescente de respostas e tratamentos. Berrent foi uma das primeiras pessoas a ter Covid em Nova York, em março de 2020. Depois de negativada para o vírus, apresentou sintomas de longo prazo durante meses, como dores de cabeça, problemas digestivos e glaucoma, que aumentou o risco de cegueira. O filho pré-adolescente também contraiu o vírus e ainda tinha sintomas nove meses depois.

Muita gente que desenvolve Covid longa não teve uma experiência muito grave com o vírus na primeira infecção, e a maioria dos sobreviventes não se encaixa no perfil estereotipado que nos levaria a esperar um mau resultado com a doença. São jovens. Têm boa forma física. São astros do esporte, adultos em sua melhor fase sem nenhum problema de saúde anterior nem doença preexistente, atletas profissionais, militares de tropas especiais e os próprios médicos. E não conseguem entender a montanha-russa de reações do organismo à Covid. Embora pareça que as mulheres correm mais risco de sofrer com a Covid longa, não podemos diminuir a importância dos pontos fora da curva que fazem parte dessa conversa e cuja experiência aumentará nosso conhecimento e a biblioteca de medicina sobre a Covid.

Meu conselho a quem sofre de Covid longa é procurar acompanhamento clínico com vários especialistas: pneumologistas, cardiologistas, neurologistas. Faça disso um "caso de família", na medicina e em casa. É preciso uma abordagem multidisciplinar para incluir a variedade de sintomas. Vale notar que muita gente com Covid longa teve alívio com a vacinação, o que é uma ótima notícia e outra razão para se vacinar e tomar todas as doses de reforço no futuro. Se você for um sobrevivente da Covid que ainda sofre, que esta seja a semana em que você vai atacar esse desafio único e fazer parte da solução entrando em contato com as iniciativas de pesquisa médica e científica. Seu cérebro e todo o seu corpo vão lhe agradecer.

10ª SEMANA

Caia na real e planeje

Neste momento de sua jornada, você começou a pôr os seis pilares em prática com uma combinação de estratégias. Esta semana talvez pareça um leve desvio, mas espero que você continue a praticar esses hábitos recém-criados enquanto enfrenta a principal tarefa da semana: pôr suas coisas em ordem. Não é possível prometer a ninguém uma vida de saúde cerebral perfeita, portanto é bom estar o mais preparado possível para as possibilidades. Em algum momento, todos nós conheceremos alguém que convive com algum tipo de demência, seja parente, amigo ou nós mesmos. É provável que esse diagnóstico seja o mais arrasador que a pessoa já recebeu. Como todos sabemos bem, não há cura garantida da demência e não é uma condição fácil de tratar. O diagnóstico pode cobrar um preço esmagador da família, com profundo custo físico, emocional e financeiro para o paciente e seus cuidadores. Mas isso não precisa ser um beco sem saída. Muita gente encontra um novo propósito e um motivo renovado para viver depois do diagnóstico, mesmo que o futuro pareça um grande desconhecido que envolve muita incerteza. No entanto, o segredo para lidar com o desconhecido e as incertezas é planejar com bastante antecedência e se preparar da melhor maneira possível enquanto você ainda goza plenamente de suas faculdades.

Sei que ninguém quer ter essa conversa sobre diagnósticos sombrios e morte. Mas é necessária se quisermos estar preparados para eventos infelizes que podem acontecer – e acontecem. Você fez um testamento? Criou um fundo fiduciário? Tem alguma ideia de como gostaria de ser tratado caso recebesse um diagnóstico fatal? Quem se encarregará de sua saúde e seu bem-estar? O que acontecerá caso você adoeça ou fique incapacitado?

Se ainda não cuidou disso, você não está sozinho: a maioria dos americanos não tem um plano sucessório que inclua instruções claras para circunstâncias difíceis e decisões do fim da vida. Mas a necessidade existe, principalmente quando se trata de alguém com declínio cerebral. Os seis pilares que você começou a seguir por meio de várias estratégias contribuem para seu "fundo cerebral", mas você também precisa pensar no lado jurídico para proteger a família. Isso é fato seja qual for a possível doença cerebral do futuro, e se torna essencial quando e se algum diagnóstico surgir.

Há numerosas baixas quando se trata de doenças neurodegenerativas. Não é só o paciente que sofre; todos em torno dele ou dela também sofrem – dos amigos e familiares aos cuidadores adicionais. É física e emocionalmente exaustivo, além do custo em tempo e dinheiro. O estresse que a doença impõe à família pode ser tão pesado que os cuidadores se tornam "segundos pacientes invisíveis", com aumento do risco de declínio, depressão e doença cerebral. Os cuidadores de cônjuges com demência têm probabilidade até seis vezes maior de apresentar demência do que a população em geral.[26] E a inflamação crônica que acompanha a ansiedade e a tensão de cuidar de alguém deixa a pessoa em risco ainda maior em relação a todas as doenças degenerativas que conhecemos hoje, da cardiopatia ao câncer.

Claramente, a questão central deste caderno de atividades é evitar esse destino, e a doença neurodegenerativa nem sempre é inevitável. Mas também temos que ser realistas sobre a possibilidade de um diagnóstico na família e nos prepararmos para o pior com bastante antecedência. Se cuidar de seu testamento e puser suas coisas em ordem agora, você poderá minimizar o medo, aliviar a preocupação e a ansiedade futuras e, em última análise, se concentrar nos passos necessários para administrar sua própria saúde cerebral.

> Quem tem cérebro precisa pensar na possibilidade
> da doença de Alzheimer.
>
> – MARIA SHRIVER

Esta semana servirá para fazer um inventário da papelada da família – testamento, orientações médicas e fundos fiduciários, no mínimo, mas também é bom examinar outros documentos, como apólices de seguro e de tratamento de longo prazo. Converse com o restante da família e envolva-a no processo. As conversas podem ser difíceis e constrangedoras, mas farão você e as pessoas queridas se sentirem conectados e capacitados. Para começo de conversa, se nenhum desses documentos importantes existir, a família ou um advogado patrimonial podem redigi-los e executá-los, com procurações para designar quem tomará as decisões financeiras, de saúde e outras quando você não for mais capaz. Esses documentos costumam ser longos e detalhados porque especificam decisões práticas mas difíceis, como as instalações e o tipo de tratamento, as decisões de tratamento no fim da vida (por exemplo, você quer ser alimentado por via parenteral?) e ordens para não ressuscitar. Se não houver instruções, as intervenções médicas serão realizadas de forma rotineira, mesmo que sejam inúteis para prolongar a vida. Para esclarecer, a maior parte dos testamentos e fundos fiduciários detalha como você quer que seu patrimônio seja distribuído depois que morrer. As orientações médicas ou antecipadas dos testamentos *em vida* descrevem como as decisões médicas no fim da vida devem ser tomadas de acordo com seus desejos.

> ### Lista de documentos importantes
>
> - Testamento em vida ou orientações médicas
> - Procuração para tratamento de saúde (que cita a pessoa que você quer que tome decisões médicas em seu nome)
> - Procuração para a pessoa que tomará suas decisões jurídicas e financeiras
> - Testamento-padrão
> - Fundo fiduciário

Também é bom organizar patrimônio, dívidas, apólices de seguro e benefícios existentes, como dados do plano de saúde, aposentadoria e previdência. Se essa parte do planejamento parece pesada e desconfortável demais ou se você estiver lidando com um patrimônio familiar complexo, é bom procurar um orientador financeiro qualificado (licenciado e aprovado) para ser seu guia. Escolha essa pessoa com cuidado, de preferência alguém que tenha ajudado muitas famílias nos planos de tratamento de longo prazo e de idosos.

Nunca é demais enfatizar: não espere o diagnóstico para planejar o futuro. Comece hoje. Ninguém é demasiado jovem ou velho para pôr sua situação em ordem. Monte sua rede de apoio, peça e aceite ajuda e planeje continuamente o futuro, ajustando os planos quando necessário e aceitando a incerteza.

Passos para pôr suas coisas em ordem

A lista a seguir é adaptada de recursos oferecidos pelo National Institute on Aging.

- Guarde todos os documentos importantes num só lugar. Você pode usar uma pasta, pôr tudo numa escrivaninha ou gaveta ou listar as informações e o local dos documentos num caderno. Se os documentos estiverem num cofre de banco, tenha cópias num arquivo em casa. Guarde os arquivos digitais se puder, ou tire fotos das principais páginas para ter no computador. Todo ano, confira se há algo novo a acrescentar ou se você quer fazer alguma mudança. As circunstâncias e a dinâmica da família mudam com o passar dos anos e é bom manter tudo em dia.
- Diga a um parente ou amigo de confiança onde você guardou todos os documentos importantes. Não é preciso explicar a esse amigo ou parente toda a sua situação pessoal, mas é bom que alguém saiba onde você guarda os documentos em caso de emergência. Se não tem um parente ou amigo de confiança, procure um advogado. Se você é o principal planejador financeiro e paga as contas da casa, é bom que alguém em quem você confia saiba onde e como essas contas são pagas caso você fique incapacitado de repente e não consiga mais fazer esse serviço.
- Converse sobre suas preferências para o fim da vida com familiares e com o médico. Este pode explicar que decisões sobre a saúde você talvez precise tomar no futuro e quais as opções de tratamento disponíveis. Conversar com o médico ajuda a garantir que seus desejos sejam cumpridos.

- Dê permissão antecipada a seu médico ou advogado para conversar com seu cuidador. Pode haver questões sobre o tratamento, as contas ou cobranças do plano de saúde. Sem seu consentimento, talvez o cuidador não consiga obter as informações necessárias. Você pode indicar seu cuidador como representante ou procurador no seu plano de saúde, nas empresas de cartão de crédito, no banco e na relação com seu médico.

OBSERVAÇÕES DA 10ª SEMANA

O que achei útil: _____

_____

O que achei difícil: _____

_____

O que posso melhorar: _____

_____

Como estou me sentindo em até três palavras: _____

_____

Desafio adicional: Faça uma pesquisa mais aprofundada sobre as suas opções de ordem financeira e médica no fim da vida. Não se intimide com essa iniciativa. Pode dar medo, mas é empoderador.

11ª SEMANA

Reflita sobre você

A prática traz o avanço, e todos somos projetos em curso. Mas a cada dia vêm mais promessas potenciais e renovadas de um amanhã melhor. Esta semana use as questões a seguir para pensar em hábitos que você gostaria de manter ou corrigir na busca de um funcionamento ideal do seu cérebro. As respostas a algumas perguntas podem se sobrepor, e não tem problema. Pense profundamente nas respostas e não se alarme se algumas surpreenderem você. Responda a algumas perguntas por dia nesta semana. Se as palavras não refletirem seu pensamento, experimente imagens, figuras, fotografias ou o que o ajudar a documentar as melhores respostas a essas perguntas tão cruciais.

Embora talvez não pareçam ligadas diretamente à saúde do cérebro, essas perguntas fazem parte de um quadro muito mais amplo que engloba seu bem-estar mental. Algumas respostas podem moldar novos hábitos que vão mantê-lo afiado. Preste atenção nas respostas e veja se elas lhe revelam mais coisas a fazer para melhorar a saúde cerebral. Este exercício é um tipo de autoavaliação pessoal que pode lhe dar pistas para ajustar este programa a você.

Minhas experiências e lembranças favoritas da vida até agora:
_____
_____

Coisas que eu gostaria de esquecer:
_____
_____

Coisas que lamento:
_____
_____

O que mais valorizo:
_____
_____

O que eu gostaria de realizar no futuro:
_____
_____

Ocasiões em que superei a adversidade:
_____
_____

Músicas preferidas de todos os tempos:
_____
_____

Receitas ou pratos favoritos:
_____
_____

O que adoro em minha vida:
_____
_____

O que eu gostaria de mudar em minha vida:
_____
_____

Lugares que eu gostaria de visitar:
_____
_____

Novos hobbies que gostaria de experimentar:
_____
_____

Como eu definiria uma vida bela:
_____
_____

Onde ou como me vejo daqui a um ano:
_____
_____

Onde ou como me vejo daqui a cinco anos:
_____
_____

Onde ou como me vejo daqui a dez anos:
_____
_____

Como criar mais tempo para mim:
_____
_____

Quando uma porta se fecha, outra se abre; mas ficamos tanto tempo olhando com arrependimento para a porta fechada que não vemos as que se abrem para nós.

– ALEXANDER GRAHAM BELL

Enquanto faz este exercício, preste muita atenção em seu diálogo interior. Você soa positivo e animado com suas vontades e seus desejos? Ou se castiga com pessimismo e dúvidas? Você se pega olhando mais o espelho retrovisor com remorso do que à frente com esperança? As pessoas que conheço que mantêm o cérebro afiado a vida inteira são as que veem o copo meio cheio apesar dos reveses, dificuldades e decepções. Elas olham o futuro com determinação e não passam muito tempo refletindo sobre erros e fracassos do passado. Trabalham em prol da própria felicidade e se apropriam plenamente da vida. O que se apropriar da vida – e do cérebro – significa para você? Escreva sua resposta abaixo ou faça um desenho:

A atitude positiva contribui muito para proteger seu cérebro. Uma boa citação consegue consolidar os pensamentos em torno de uma só mensagem e transmiti-la aos outros. A seguir estão três mantras simples que mantenho no primeiro plano do cérebro, ao lado de uma galeria de afirmações que você talvez queira considerar adotar:

"Faça menos coisas com mais qualidade"

Isso veio de um de meus primeiros chefes na imprensa. Ele se referia à tendência de muita gente de tentar incluir todos os aspectos de uma matéria jornalística numa reportagem para a TV – o que, sem querer, sobrecarrega o telespectador. Ele insistiu comigo que lembrasse que a maioria só guardará na memória algumas informações de um vídeo curto de poucos minutos. E me ensinou a importância de explicar bem essas informações em vez de tentar amontoar todos os fatos. Essa citação é algo que aplico também a outras partes da vida. Claro, adoraríamos fazer tudo, mas às vezes há muita alegria em conseguir fazer menos coisas de maneira mais meticulosa, completa e, sim, melhor.

"Eu lhe escreveria uma carta mais curta, mas não tive tempo."
(Atribuída ao filósofo e matemático francês Blaise Pascal)

Na mesma linha da citação anterior, essa me lembra duas questões essenciais. A brevidade é fundamental quando queremos transmitir mensagens importantes. E, em geral, elaborar uma mensagem concisa exige mais tempo e trabalho do que escrever uma mais extensa. Ela força a gente a pensar, priorizar e ser criterioso com a linguagem, para que cada palavra seja significativa.

"Faça algo que tem medo de fazer (todo dia)."

A esta altura você já sabe que essa frase é muito importante para mim. E espero que tenha apreciado muitos momentos "assustadores" na 8ª Semana. Você manteve o hábito de sair da sua zona de conforto pelo menos uma vez por dia? Fique com esse mantra na cabeça e pense em maneiras de fazer jus a ele. Um pouco de desconforto faz parte de aprender coisas novas e de criar reserva cognitiva nesse processo.

Eis algumas afirmações divertidas para ter em mente:

    Eu consigo!
    Sou capaz e tenho valor.
    O mundo precisa de meus dons e talentos.
    Sou amado.
    As coisas vão dar certo.
    Acredito em mim mesmo.
    Sou resiliente.
    Tudo é possível.
    Sou inteligente, bondoso e alegre.
    Minha vida é bela.
    Atitude é tudo.
    O melhor ainda está por vir.

Meus mantras, afirmações e citações favoritos:

_____

_____

_____

OBSERVAÇÕES DA 11ª SEMANA

O que achei útil: _____
_____

O que achei difícil: _____
_____

O que posso melhorar: _____
_____

Como estou me sentindo em até três palavras: _____
_____

Desafio adicional: Escolha uma expressão ou um mantra que motive você, estabeleça suas prioridades ou reduza o estresse. Emoldure uma versão manuscrita para pôr em sua mesa ou onde você possa ver ao longo do dia. Ou só escreva num papel e cole com fita adesiva!

12ª SEMANA

Descarte, recicle, repita

Dá para acreditar? Você está na última semana. Está na hora de fazer um balanço das mudanças que fez nas últimas semanas e se perguntar: o que deu certo? O que não deu? Onde posso melhorar? Como posso aproveitar ainda mais o que acabei de viver?

Descarte os hábitos que não quer mais manter, recicle os que contribuirão para o sucesso de seu cérebro e repita este programa várias e várias vezes. Crie itens inegociáveis e se comprometa regularmente com eles, como se alimentar de acordo com o plano S.H.A.R.P., praticar exercício físico todo dia e se deitar à mesma hora toda noite.

Use esta semana para planejar. Toda a sua vida está à sua frente. E você quer seu cérebro afiado. Lembre-se de ser flexível mas constante. Quando acontecer de se desviar do programa, não se recrimine: simplesmente volte aos trilhos. Procure metas que o motivem e as anote. Pode ser qualquer coisa, como ensinar uma habilidade que desenvolveu na vida ou planejar uma viagem ecoturística com a família. Quem decide se concentrar na saúde geralmente o faz por razões específicas, como "quero ser mais produtivo e ter mais energia", "Quero viver mais sem doenças nem deficiência" e "Não quero morrer como minha mãe ou meu pai". Tenha sempre em mente o quadro mais amplo.

Isso ajudará não só a manter um estilo de vida saudável como também a voltar aos trilhos nas vezes que sair deles.

A REGRA DECISIVA

Quando estiver num impasse na hora de decidir alguma coisa, principalmente diante das grandes decisões que podem afetar seu futuro, experimente se orientar pela "Regra Decisiva". Eis o que quero dizer: imagine que você envelheceu e está na cadeira de balanço. A maior parte da vida já ficou para trás e você tem no cérebro uma rica biblioteca de lembranças para recordar e apreciar outra vez. Essas lembranças são como cenas de filmes em que você pode se refestelar à medida que lentamente se aproxima do fim da vida com elegância e dignidade. Quando tiver que decidir o que fazer ou deixar de fazer hoje, pergunte a si mesmo: essa é uma lembrança que quero ter quando estiver velho, desfrutando todo o brilho da minha história? Você só precisa dessa pergunta para saber se diz Sim ou Não.

MINIAUTOAVALIAÇÃO:

Neste momento incentivo você a se fazer as seguintes perguntas:

- Estou seguindo o protocolo nutricional S.H.A.R.P. sempre que possível?
- Estou fazendo pelo menos meia hora de exercício ou movimento vigoroso pelo menos cinco dias por semana, com musculação pelo menos duas vezes por semana? Minhas atividades também melhoram a flexibilidade, a coordenação e o equilíbrio?

- Estou administrando melhor o estresse e me sentindo mais resiliente?
- Estou obtendo sono mais reparador regularmente?
- Estou aprendendo regularmente algo novo que desafia a minha mente e exige o desenvolvimento de habilidades diferentes? Faço todo dia algo que tenho medo de fazer?
- Entro em contato regular com amigos e familiares enquanto expando meu universo social?

Se não responder a essas perguntas afirmativamente, veja se consegue criar mudanças em seu estilo de vida. Que obstáculos o impedem? Como pode superá-los? Escreva aqui algumas soluções possíveis:

_____

_____

_____

_____

_____

Se ainda não obteve resultados, talvez esteja na hora de buscar auxílio adicional. Por exemplo, se seu sono ainda o incomoda, peça ao médico um exame detalhado e veja se algum medicamento que você toma não interfere com seu sono. Se o estresse crônico é um problema ou se você acha que se encaixa na definição de depressão, busque um psiquiatra ou terapeuta qualificado.

Seu ambiente é o mais importante na criação dos hábitos, mais do que os genes, portanto preste atenção nele. Quando se trata de declínio e doença cerebral, inclusive Alzheimer, talvez nunca possamos confiar numa cura milagrosa ou numa panaceia medicamentosa preventiva para nos salvar. No entanto, o que salvará muitos cérebros da doença é o foco na prevenção e no controle possível do ambiente para promover uma saúde cerebral superior. Dê uma olhada em volta e veja onde você passa mais tempo. É um ambiente que contribui para a vida saudável?

Se ainda não experimentou o diário da gratidão ou parou de escrever os momentos e realizações que o deixam grato, como fez na 6ª Semana, volte a esse exercício. Toda manhã, dedique cinco minutos a fazer uma lista de pelo menos cinco pessoas ou situações pelas quais você se sente grato. Se o tempo permitir, faça isso ao ar livre, ao sol da manhã. Se repetir itens das listas anteriores, tudo bem. Pense em coisas que aconteceram no dia anterior que possam ser acrescentadas à lista. Podem ser pequenas, como se sentir grato por estar bem e ter cumprido as metas do dia.

E, como último exercício, escreva uma carta à mão para algum ente querido mais jovem, descrevendo algo que aprendeu na vida e que gostaria de passar adiante como lição importante. Redija a carta na próxima página e crie a versão final num papel bem bonito para entregá-la.

Últimas palavras de sabedoria

Depois da publicação de *Mente afiada*, me espantei ao ver quanta gente gostou mesmo do livro, principalmente pessoas que eu não esperava – indivíduos que, dada a pouca idade, supus que ainda não pensassem na saúde futura do cérebro. Mas as gerações mais novas estão mudando, e essas pessoas se dedicam cada vez mais a otimizar a vida e praticar atividades capazes de preservar seu funcionamento cerebral. Às vezes basta um familiar doente ou um contato pessoal com a mortalidade para motivar alguém a mudar. Para minha surpresa, também soube de mentores estimados que ajudaram em minha formação como médico e cirurgião muitas décadas atrás e que agora lidam com amigos e parentes em declínio cognitivo. É uma profunda lição de humildade saber que consigo alcançar uma variedade tão grande de pessoas e causar uma influência positiva em suas vidas. Que essa missão continue. Espero que você venha comigo, buscando viver à altura do potencial máximo do cérebro e alistar outros a seguirem seu exemplo.

Vale contar aqui uma história que contei em *Mente afiada*. Quando tinha apenas 47 anos, meu pai sentiu uma dor terrível no peito enquanto caminhava. Eu me lembro do telefonema que recebi de minha mãe em pânico e da voz do atendente da emergência com quem falei segundos depois. Dali a poucas horas, meu pai passou por uma operação de urgência para instalar quatro pontes no coração. Foi um suplício para nossa família, e tivemos medo de que ele não sobrevivesse à cirurgia. Na época, eu era um jovem estudante de medicina (não dormia o suficiente e, provavelmente, recorria demais a petiscos açucarados). Como você pode imaginar, fiquei convencido de que tinha falhado com meu pai. Afinal de contas, eu devia ter visto os sinais de alerta, dado conselhos sobre a saúde dele e ajudado a evitar a doença cardíaca. Felizmente, ele sobreviveu, e esse evento mudou completamente sua vida. Ele perdeu 15 quilos, passou a prestar atenção no que comia e transformou o movimento regular em prioridade. Sua recuperação me impressionou e prometi resolver as coisas em minha vida antes que se tornassem críticas. Agora que já passei daquela idade e tenho minhas filhas, é minha prioridade aprender não só a prevenir doenças como a me avaliar continuamente para me assegurar de ter o melhor desempenho possível.

Meu pai trabalhou 35 anos no setor automotivo com minha mãe, que foi a primeira engenheira contratada pela Ford Motor Company. Por isso todo mundo na família adora analogias com carros. Nos fins de semana de minha infância, todos íamos mexer no carro da família. A garagem era cheia de caixas de ferramentas e comentários constantes que constatavam que o corpo humano não era tão diferente assim do Ford LTD que reconstruíamos. Ambos tinham motores, bombas e dependiam de combustível para funcionar. Pensando bem, acho que essas conversas contribuíram para meu interesse pelo cérebro, porque havia uma área do corpo que não era possível comparar mecanicamente aos carros. Afinal, carros não têm um assento da consciência, não importa o luxo do estofamento de couro. Ainda assim, é quase impossível para mim olhar o cérebro e não pensar em ajustes e manutenção. É preciso trocar o óleo? Ele está recebendo o combustível ideal? O motor está acelerado demais ou roda sem pausas para manutenção? Há rachaduras no para-brisa ou no chassi? Todos os pneus estão com pressão suficiente? O carro se aquece e resfria adequadamente? O motor responde corretamente a uma exigência súbita de velocidade? Com que rapidez ele para? Acho que você me entende.

Recentemente tive uma longa conversa com meus pais sobre carros e tráfego. Eu lhes falei de uma entrevista que fiz com o Dr. Dwight Hennessy, psicólogo do tráfego, e Kayla Chavez, uma caminhoneira que passa o dia percorrendo longas distâncias pelo país. Foi um segmento fascinante de meu podcast. Em primeiro lugar: quem sabia que existem psicólogos do tráfego que pegam os princípios psicológicos e os aplicam a situações do trânsito? Achei incrível saber que algumas poucas pessoas, eu inclusive, param para pensar em como o ato simples mas complexo de dirigir afeta nossa vida. Muita gente dirige todos os dias. É como nos deslocamos, encontramos outras pessoas, vamos trabalhar e voltamos para casa, providenciamos os produtos de que precisamos para sobreviver, etc. Levamos determinadas atitudes a essa atividade – expectativas, personalidades e, talvez, frustrações. Para alguns, dirigir é a parte mais estressante do dia; para outros, é um momento tranquilo de reflexão e relaxamento. Dirigir nos causa um impacto psicológico. A frequência cardíaca, a pressão arterial e a respiração mudam. Até o humor e a cognição podem mudar. Por exemplo, uma experiência ao volante que nos deixe agitados também tem o efeito de nos tornar mais vigilantes ao que acontece, mais ansiosos e irritados, e podemos chegar ao destino em um estado de espírito que reduz nossa capacidade de trabalhar com eficiência, colaborar com os outros e ter prazer com o dia em geral.

Dirigir é uma das coisas mais perigosas que fazemos. Do mesmo modo, é uma das mais estimulantes para o cérebro. É preciso conciliar e coordenar muita coisa no cérebro quando estamos ao volante. Muitas decisões a tomar em frações de segundo, algumas de vida ou morte. Ainda assim, é comum nos preocuparmos com outras coisas enquanto dirigimos! Kayla, a caminhoneira, me disse que prefere passar os primeiros trinta minutos da viagem em silêncio. Não põe nenhuma música nem mídia para tocar e simplesmente olha para a frente e aproveita a beleza natural que a cerca. Senti que ela obtém tanto prazer ao observar ricas paisagens quanto ao passar por outdoors e terras áridas.

O objetivo de falar disso é mostrar o paralelo entre dirigir e a vida em si e a busca por um cérebro afiado. Todos estamos no assento do motorista. Podemos dirigir nosso carro com a atitude e a personalidade que quisermos – pacientes e curiosos ou agressivos e zangados. Podemos escolher que estrada pegar, como reagir aos outros e como passar o tempo indo do ponto A ao B. Podemos também escolher que tipo de carro dirigir, como cuidar dele e que estilo de direção adotaremos. Prometo que as analogias automotivas terminam aqui, mas vou lhe deixar algumas perguntas.

Aonde sua estrada o leva hoje? Você está cuidando do corpo, do veículo que o transporta? Que destino você quer para seu cérebro? Está disposto a tomar providências para ter uma viagem segura e chegar em perfeitas condições? Você traça o mapa, cria as estradas e adota um método de dirigir para chegar lá. Minha esperança é de que você se divirta. Aprecie a paisagem. E talvez a sua estrada menos percorrida seja a mais gratificante de sua vida.

Agradecimentos

Os cientistas que se levantam todas as manhãs com a crença de que as doenças não são predestinadas, que a perda de memória não precisa acompanhar o envelhecimento e que todos podem melhorar seu cérebro são as pessoas que me inspiraram a escrever este livro. Durante quase duas décadas conversei com esses cientistas nos grandes fóruns sobre o cérebro, em seus laboratórios e em suas casas. Eles descreveram seus achados científicos, mas também me contaram as razões profundamente pessoais que os levaram a estudar o cérebro. E me convenceram não só de que um dia transformaremos doenças como a demência em algo do passado, mas também de que até mesmo um cérebro saudável pode ser aprimorado e se tornar mais resiliente. Obrigado pela sua franqueza e pela disposição ao me ajudar a pegar parte dos novos conhecimentos mais extraordinários sobre o cérebro e torná-los relevantes para qualquer um em qualquer lugar.

Priscilla Painton, seu cargo é de editora executiva, mas isso nem começa a descrever o papel que teve no projeto *Mente afiada* original, que se ampliou com este caderno de atividades graças à sua ideia brilhante. Desde o começo, sua visão foi clara e sua colaboração excedeu em muito minhas expectativas. Suas anotações e observações foram sempre exatas e muito valiosas. Você tem a capacidade de enxergar longe e prever a direção de um livro. Tive a sorte de contar com um grupo muito dedicado e profissional para me ajudar neste caderno de atividades, conduzido com habilidade editorial por Hana Park e sua equipe: Julia Prosser, Elizabeth Herman, Yvette Grant, Jackie Seow, Marie Florio, Elizabeth Venere, Matthew Monahan e Amanda Mulholland. Obrigado a todos vocês.

Jonathan Karp, você é a definição de cavalheiro e estudioso. Depois do primeiro encontro em sua sala, onde discutimos tudo, de células-tronco a Bruce Springsteen, eu soube que lidava com alguém realmente engajado com o mundo. Obrigado por acreditar em mim e em todo o projeto *Mente afiada*. Bob Barnett é um advogado de fama mundial. Representou o Papa e os presidentes. Mas olhando não se vê. Ele é incrivelmente humilde e trabalhador. Um dos melhores dias da minha vida foi quando Bob concordou em me ajudar em minha carreira. Sua orientação tem sido extremamente visionária e criativa.

A colaboração com minha parceira e amiga Kristin Loberg é especialíssima. Todos deveríamos ter a sorte de conseguir uma verdadeira fusão mental com alguém como Kristin, que entendeu imediatamente o que eu tentava transmitir e sempre me ajudou. Ela é a melhor no que faz e, em poucas palavras, este livro não seria possível sem ela.

Referências

A seguir, apresento uma lista selecionada dos estudos específicos por trás de citações mencionadas neste caderno de atividades. Lembre-se que *Mente afiada* também tem notas. No caso das afirmações mais gerais, creio que você encontrará muitas fontes e evidências na internet com apenas alguns toques no teclado – desde que visite sites respeitados, que verificam os fatos com informações dignas de crédito avaliadas por especialistas. Isso é importantíssimo quando tratamos de questões de saúde e medicina. Os motores de busca de revistas médicas de boa reputação que não exigem assinatura, muitas listadas nas notas, são: pubmed.gov (arquivo na internet de artigos de revistas de medicina mantido pela National Library of Medicine dos National Institutes of Health); sciencedirect.com e seu irmão SpringerLink; a Cochrane Library em cochranelibrary.com; e Google Scholar, em scholar.google.com, ótimo motor de busca secundário para usar depois da busca inicial. Todos eles em inglês. Os bancos de dados acessados por esses motores de busca são Embase (de propriedade da editora Elsevier), Medline e MedlinePlus e incluem milhões de estudos revisados por pares do mundo inteiro. É comum os estudos serem publicados primeiro na internet antes de lançados formalmente em revistas revisadas por pares. Em geral, os principais autores são listados por último.

INTRODUÇÃO

1. Nina E. Fultz et al. "Coupled Electrophysiological, Hemodynamic, and Cerebrospinal Fluid Oscillations in Human Sleep". *Science*, 366, nº 6.465, novembro de 2019, pp. 628-631.
2. Elena P. Moreno-Jiménez et al. "Adult Hippocampal Neurogenesis Is Abundant in Neurologically Healthy Subjects and Drops Sharply in Patients with Alzheimer's Disease". *Nature Medicine*, 25, nº 4, abril de 2019, pp. 554-560.
3. Shuntaro Izawa et al. "REM Sleep-Active MCH Neurons Are Involved in Forgetting Hippocampus-Dependent Memories". *Science*, 365, nº 6.459, setembro de 2019, pp. 1308-1313.
4. Ver: https://www.aarp.org/health/brain-health/global-council-on-brain-health/behavior-change/.
5. J. Graham Ruby et al. "Estimates of the Heritability of Human Longevity Are Substantially Inflated Due to Assortative Mating". *Genetics*, 210, nº 3, novembro de 2018, pp. 1109-1124.
6. Céline Bellenguez et al. "New Insights into the Genetic Etiology of Alzheimer's Disease and Related Dementias". *Nature Genetics*, 54, nº 4, abril de 2022, pp. 412-436.
7. Jianwei Zhu et al. "Physical and Mental Activity, Disease Susceptibility, and Risk of Dementia: A Prospective Cohort Study Based on UK Biobank". *Neurology*, 10, julho de 2022.

PARTE 1

1. Sami El-Boustani et al. "Locally Coordinated Synaptic Plasticity of Visual Cortex Neurons in Vivo". *Science*, 360, nº 6.395, junho de 2018, pp. 1349-1354.

2 Ver na página 20 a discussão sobre plasticidade cognitiva. Global Council on Brain Health. "Engage Your Brain: GCBH Recommendations on Cognitively Stimulating Activities". Washington, Global Council on Brain Health, julho de 2017, https://doi.org/10.26419/pia.00001.001.

3 Natalia Caporale e Yang Dan. "Spike Timing-Dependent Plasticity: A Hebbian Learning Rule". *Annual Review of Neuroscience*, 31, 2008, pp. 25-46.

4 Claudio Franceschi *et al.* "Inflammaging: A New Immune-Metabolic Viewpoint for Age-Related Diseases". *Nature Reviews Endocrinology*, 14, nº 10, outubro de 2018, pp. 576-590.

5 K. A. Walker, R. F. Gottesman, A. Wu *et al.* "Systemic Inflammation During Midlife and Cognitive Change over 20 Years: The ARIC Study". *Neurology*, 92, nº 11, 2019, pp. e1256-e1267. Ver também: R. F. Gottesman, A. L. Schneider, M. Albert *et al.* "Midlife Hypertension and 20-Year Cognitive Change: The Atherosclerosis Risk in Communities Neurocognitive Study". *JAMA Neurology*, 71, nº 10, 2014, pp. 1218-1227.

6 Gill Livingston *et al.* "Dementia Prevention, Intervention, and Care: 2020 Report of the Lancet Commission". *Lancet*, 396, nº 10.248, agosto de 2020, pp. 413-446.

7 Joshua R. Ehrlich *et al.* "Addition of Vision Impairment to a Life-Course Model of Potentially Modifiable Dementia Risk Factors in the US". *JAMA Neurology* 79, nº 6, junho de 2022, pp. 623-626.

8 M. C. Morris, C. C. Tangney, Y. Wang *et al.* "MIND Diet Associated with Reduced Incidence of Alzheimer's Disease". *Alzheimer's and Dementia*, 11, nº 9, 2015, pp. 1007-1014.

9 Klodian Dhana *et al.* "MIND Diet, Common Brain Patholo-

gies, and Cognition in Community-Dwelling Older Adults". *Journal of Alzheimer's Disease*, 83, nº 2, 2021, pp. 683-692.

10 Ver a página 5 de https://www.aar.org/content/dam/aarp/health/brainhealth/2018/01/gcbh-recommendations-on-nourishing-your-brain-health.doi.10.26419%252F-pia.00019.001.pdf.

11 www.cdc.gov "Get the Facts: Added Sugars". https://www.cdc.gov/nutrition/data-statistics/added-sugars.html.

12 Giuseppe Faraco *et al.* "Dietary Salt Promotes Cognitive Impairment through Tau Phosphorylation". *Nature*, 574, nº 7.780, outubro de 2019, pp. 686-690.

13 Magdalena Miranda *et al.* "Brain-Derived Neurotrophic Factor: A Key Molecule for Memory in the Healthy and the Pathological Brain". *Frontiers in Cellular Neuroscience*, 13, agosto de 2019, p. 363.

14 Ver JohnRatey.com.

15 Miranda *et al.* "Brain-Derived Neurotrophic Factor: A Key Molecule for Memory in the Healthy and the Pathological Brain".

16 Patricia C. García-Suárez *et al.* "Acute Systemic Response of BDNF, Lactate and Cortisol to Strenuous Exercise Modalities in Healthy Untrained Women". *Dose Response*, 18, nº 4, dezembro de 2020, p. 1559325820970818.

17 Ver: https://www.aarp.org/health/dementia/info-2022/exercise-slows-memory-loss.html. Ver também: Daniel G. Blackmore *et al.* "An Exercise 'Sweet Spot' Reverses Cognitive Deficits of Aging by Growth-hormone-induced Neurogenesis". *iScience*, 24, nº 11, outubro de 2021, p. 103275.

18 Anne-Julie Tessier *et al.* "Association of Low Muscle Mass with Cognitive Function During a 3-Year Follow-up Among

Adults Aged 65 to 86 Years in the Canadian Longitudinal Study on Aging". *JAMA Network Open*, 5, nº 7, julho de 2022, p. e2219926.

19 Benjamin S. Olivari *et al*. "Population Measures of Subjective Cognitive Decline: A Means of Advancing Public Health Policy to Address Cognitive Health". *Alzheimer's & Dementia*, NY, 7, nº 1, março de 2021, p. e12142.

20 S. Beddhu, G. Wei, R. L. Marcus *et al*. "Light-Intensity Physical Activities and Mortality in the United States General Population and CKD Subpopulation". *Clinical Journal of the American Society of Nephrology*, 10, nº 7, 2015, pp. 1145-1153.

21 Global Council on Brain Health, 2018. "Brain Health and Mental Well-Being: GCBH Recommendations on Feeling Good and Functioning Well". Disponível em www.GlobalCouncilOnBrainHealth.org. DOI: https://doi.org/10.26419/pia.00037.001.

22 Tenha acesso a uma biblioteca de recursos e dados sobre o sono no site da National Sleep Foundation: SleepFoundation.org [em inglês]. Ver também: Global Council on Brain Health, 2016. "The Brain-Sleep Connection: GCBH Recommendations on Sleep and Brain Health". Disponível em www.GlobalCouncilOnBrainHealth.org DOI: https://doi.org/10.26419/pia.00014.001.

23 S. M. Purcell, D. S. Manoach, C. Demanuel, *et al*. "Characterizing Sleep Spindles in 11,630 Individuals from the National Sleep Research Resource". *Nature Communications*, 26, nº 8, 2017, p. 15930.

24 J. J. Iliff, M. Wang, Y. Liao *et al*. "A Paravascular Pathway Facilitates CSF Flow Through the Brain Parenchyma and the Clearance of Interstitial Solutes, Including Amyloid" . *Science Translational Medicine*, 4, nº 147, 2012, p. 147ra111.

25 Nina E. Fultz *et al.* "Coupled Electrophysiological, Hemodynamic, and Cerebrospinal Fluid Oscillations in Human Sleep". *Science*, 366, nº 6.465, novembro de 2019, pp. 628-631.

26 Matthew Walker, *Por que nós dormimos: A nova ciência do sono e do sonho* (Rio de Janeiro: Intrínseca, 2019).

27 C. Dufouil, E. Pereira, G. Chêne *et al.* "Older Age at Retirement Is Associated with Decreased Risk of Dementia", *European Journal of Epidemiology*, 29, nº 5, 2014, pp. 353-361.

28 Ver: Global Council on Brain Health, 2017. "Engage Your Brain: GCBH Recommendations on Cognitively Stimulating Activities". Disponível em: www .GlobalCouncilOnBrainHealth.org Engage Your Brain: GCBH Recommendations on Cognitively Stimulating Activities 2 DOI: https://doi.org/10.26419/pia.00001.001.

29 Georgia Bell *et al.* "Positive Psychological Constructs and Association with Reduced Risk of Mild Cognitive Impairment and Dementia in Older Adults: A Systematic Review and Meta-Analysis". *Ageing Research Reviews*, 77, maio de 2022, pp. 101.594.

30 Ver: Global Council on Brain Health (2017). "The Brain and Social Connectedness: GCBH Recommendations on Social Engagement and Brain Health". Disponível em www.GlobalCouncilOnBrainHealth.org.

31 "Loneliness and Social Isolation Linked to Serious Health Conditions". Public Health Media Library em www.cdc.gov. Ver também: National Academies of Sciences, Engineering, and Medicine. *Social Isolation and Loneliness in Older Adults: Opportunities for the Health Care System*. Washington, National Academies Press, 2020.

32 Julianne Holt-Lunstad *et al.* "Loneliness and Social Isolation as Risk Factors for Mortality: A Meta-analytic Review". *Perspectives on Psychological Science*, 10, nº 2, março de 2015, pp. 227-237.

33 https://www.adultdevelopmentstudy.org/.

PARTE 2

1 H. J. Lee, H. I. Seo, H. Y. Cha *et al.* "Diabetes and Alzheimer's Disease: Mechanisms and Nutritional Aspects". *Clinical Nutrition Research*, 7, nº 4, 2018, pp. 229-240. Ver também: Fanfan Zheng, Li Yan, Zhenchun Yang, *et al.* "HbA1c, Diabetes and Cognitive Decline: The English Longitudinal Study of Ageing". *Diabetologia*, 61, nº 4, 2018, pp. 839-848; e N. Zhao, C. C. Liu, A. J. Van Ingelgom e Y. A. Martens. "Apolipoprotein E4 Impairs Neuronal Insulin Signaling by Trapping Insulin Receptor in the Endosomes". *Neuron*, 96, nº 1, 2017, pp. 115-129.e5.

2 Remi Daviet *et al.* "Associations Between Alcohol Consumption and Gray and White Matter Volumes in the UK Biobank". *Nature Communications*, 13, nº 1, março de 2022, p. 1175.

3 Matthew C. L. Phillips. "Fasting as a Therapy in Neurological Disease". *Nutrients*, 11, nº 10, outubro de 2019, p. 2501.

4 Ver: Global Council on Brain Health, 2019. "The Real Deal on Brain Health Supplements: GCBH Recommendations on Vitamins, Minerals, and Other Dietary Supplements". Disponível em www.GlobalCouncilOnBrainHealth.org. DOI: https://doi.org/10.26419/pia.00094.001.

5 Line Jee Hartmann Rasmussen *et al*. "Association of Neurocognitive and Physical Function with Gait Speed in Midlife". *JAMA Network Open*, 2, nº 10, outubro de 2019, p. e1913123.

6 Masahiro Okamoto *et al*. "High-intensity Intermittent Training Enhances Spatial Memory and Hippocampal Neurogenesis Associated with BDNF Signaling in Rats". *Cerebral Cortex*, 31, nº 9, julho de 2021, pp. 4386-4397; Cinthia Maria Saucedo Marquez *et al*. "High-intensity Interval Training Evokes Larger Serum BDNF Levels Compared with Intense Continuous Exercise". *Journal of Applied Physiology*, 119, nº 12, dezembro de 2015, pp. 1363-1373.

7 Peter Schnohr *et al*. "Various Leisure-Time Physical Activities Associated with Widely Divergent Life Expectancies: The Copenhagen City Heart Study". *Mayo Clinic Proceedings* 93, nº 12, dezembro de 2018, pp. 1775-1785.

8 *Ibid*.

9 www.cdc.gov.

10 Min-Jing Yang *et al*. "Association of Nap Frequency with Hypertension or Ischemic Stroke Supported by Prospective Cohort Data and Mendelian Randomization in Predominantly Middle-Aged European Subjects". *Hypertension*, 79, nº 9, setembro de 2022, pp. 1962-1970.

11 Ver: https://www.aarp.org/health/conditions-treatments/info-2020/computer-glasses-blue-light-protection.html?mp=KNC-DSO-COR-Health-EyeStrain-NonBrand-Exact-28932-GOOG-HEALTH-ConditionsTreatments-ConditionsTreatments-BlueLightGlasses-Exact-NonBrand&gclid=CjwK.

12 Peggy J. Liu *et al*. "The Surprise of Reaching Out: Appreciated More than We Think". *Journal of Personality and Social Psychology*, julho de 2022.

13 *Ibid.*

14 Gabrielle N. Pfund *et al.* "Being Social May Be Purposeful in Older Adulthood: A Measurement Burst Design". *American Journal of Geriatric Psychiatry*, 30, nº 7, julho de 2022, pp. 777-786.

15 Kelsey D. Biddle *et al.* "Social Engagement and Amyloid-Related Cognitive Decline in Cognitively Normal Older Adults". *American Journal of Geriatric Psychiatry*, 27, nº 11, novembro de 2019, pp. 1247-1256. Ver também: Matteo Piolatto *et al.* "The Effect of Social Relationships on Cognitive Decline in Older Adults: An Updated Systematic Review and Meta-Analysis of Longitudinal Cohort Studies". *BMC Public Health*, 22, nº 1, fevereiro de 2022, p. 278.

16 Julianne Holt-Lunstad *et al.* "Loneliness and Social Isolation as Risk Factors for Mortality: A Meta-analytic Review". *Perspectives on Psychological Science*, 10, nº 2, março de 2015, pp. 227-237.

17 Ver: Global Council on Brain Health. "Engage Your Brain: GCBH Recommendations on Cognitively Stimulating Activities". Washington, Global Council on Brain Health, julho de 2017. DOI: https://doi.org/10.26419/pia.00001.001.

18 Ver meu podcast de 7 de junho de 2022, "Sometimes It's Healthy to Break the Rules". Ver também: Charles J. Limb and Allen R. Braun. "Neural Substrates of Spontaneous Musical Performance: An fMRI Study of Jazz Improvisation". *PLOS One*, 3, nº 2, fevereiro de 2008, p. e1679.

19 Ver: "Music on Our Minds: The Rich Potential of Music to Promote Brain Health and Mental Well-Being". Disponível em www.GlobalCouncilOnBrain-Health.org. DOI: https://doi.org/10.26419/pia.00103.001.

20 Adam Kaplin e Laura Anzaldi, "New Movement in Neuroscience: A Purpose-Driven Life". *Cerebrum: The Dana Forum on Brain Science*, junho de 2015, p. 7.

21 Shaun Larcom, Ferdinand Rauch e Tim Willems. "The Benefits of Forced Experimentation: Striking Evidence from the London Underground Network". *The Quarterly Journal of Economics*, 132, nº 4, novembro de 2017, pp. 2019-2055.

22 Acesse o trabalho e os artigos de pesquisa de Earl Miller, em inglês, em https://ekmillerlab.mit.edu/earl-miller/.

23 Maria C. Norton *et al.* "Increased Risk of Dementia When Spouse Has Dementia? The Cache County Study". *Journal of the American Geriatric Society*, 58, nº 5, 2010, pp. 895-900; Forgiveness: Your Health Depends on It". Johns Hopkins Medicine, https://www.hopkinsmedicine.org/health/wellness-and-revention/forgiveness-your-health-depends-on-it.

24 https://fetzer.org/resources/resources-forgiveness.

25 "The Hidden Risks of Hearing Loss", Johns Hopkins Medicine, https://www.hopkinsmedicine.org/health/wellness-and-prevention/the-hidden-risks-of-hearing-loss#:~:text=In%20a%20study%20that%20tracked,more%20likely%20to%20develop%20dementia.

26 Maria C. Norton *et al.* "Increased Risk of Dementia When Spouse Has Dementia? The Cache County Study". *Journal of the American Geriatric Society*, 58, nº 5, 2010, pp. 895-900.

CONHEÇA OUTRO LIVRO DO AUTOR

Mente afiada

O neurocirurgião Sanjay Gupta conversou com os mais renomados cientistas do mundo para derrubar mitos comuns sobre o envelhecimento e sugerir hábitos simples capazes de postergar e reverter os efeitos do tempo.

Neste livro claro e acessível, ele esclarece as principais dúvidas sobre os sintomas do declínio cognitivo, explica se existe a dieta ou o exercício ideal para o cérebro e se há realmente algum benefício em medicamentos, suplementos e vitaminas.

Você vai descobrir o que podemos aprender com pessoas que estão na casa dos 80 e 90 anos sem sinais de perdas cognitivas, além de encontrar informações valiosas sobre as doenças cerebrais, em especial o Alzheimer.

Acima de tudo, Gupta traz uma visão encorajadora e otimista para quem deseja se prevenir ou para quem está lidando com as dificuldades trazidas pela perda das funções mentais.

CONHEÇA ALGUNS DESTAQUES DE NOSSO CATÁLOGO

- Augusto Cury: Você é insubstituível (2,8 milhões de livros vendidos), Nunca desista de seus sonhos (2,7 milhões de livros vendidos) e O médico da emoção
- Dale Carnegie: Como fazer amigos e influenciar pessoas (16 milhões de livros vendidos) e Como evitar preocupações e começar a viver
- Brené Brown: A coragem de ser imperfeito – Como aceitar a própria vulnerabilidade e vencer a vergonha (600 mil livros vendidos)
- T. Harv Eker: Os segredos da mente milionária (2 milhões de livros vendidos)
- Gustavo Cerbasi: Casais inteligentes enriquecem juntos (1,2 milhão de livros vendidos) e Como organizar sua vida financeira
- Greg McKeown: Essencialismo – A disciplinada busca por menos (400 mil livros vendidos) e Sem esforço – Torne mais fácil o que é mais importante
- Haemin Sunim: As coisas que você só vê quando desacelera (450 mil livros vendidos) e Amor pelas coisas imperfeitas
- Ana Claudia Quintana Arantes: A morte é um dia que vale a pena viver (400 mil livros vendidos) e Pra vida toda valer a pena viver
- Ichiro Kishimi e Fumitake Koga: A coragem de não agradar – Como se libertar da opinião dos outros (200 mil livros vendidos)
- Simon Sinek: Comece pelo porquê (200 mil livros vendidos) e O jogo infinito
- Robert B. Cialdini: As armas da persuasão (350 mil livros vendidos)
- Eckhart Tolle: O poder do agora (1,2 milhão de livros vendidos)
- Edith Eva Eger: A bailarina de Auschwitz (600 mil livros vendidos)
- Cristina Núñez Pereira e Rafael R. Valcárcel: Emocionário – Um guia lúdico para lidar com as emoções (800 mil livros vendidos)
- Nizan Guanaes e Arthur Guerra: Você aguenta ser feliz? – Como cuidar da saúde mental e física para ter qualidade de vida
- Suhas Kshirsagar: Mude seus horários, mude sua vida – Como usar o relógio biológico para perder peso, reduzir o estresse e ter mais saúde e energia

sextante.com.br